FORSCHUNGSBERICHTE DES WIRTSCHAFTS- UND VERKEHRSMINISTERIUMS NORDRHEIN-WESTFALEN

Herausgegeben von Staatssekretär Prof. Leo Brandt

Nr. 91

Forschungs-Institut der Feuerfest-Industrie, Bonn

Untersuchungen des Zusammenhangs zwischen Leistung und Kohlenverbrauch von Kammer-Öfen zum Brennen von feuerfesten Materialien

Als Manuskript gedruckt

WESTDEUTSCHER VERLAG / KÖLN UND OPLADEN

1954

ISBN 978-3-663-03294-6 ISBN 978-3-663-04483-3 (eBook)
DOI 10.1007/978-3-663-04483-3

Forschungsberichte des Wirtschafts- und Verkehrsministeriums Nordrhein Westfalen

Gliederung

A. Aufgabenstellung .... S. 5

B. Sammlung der Betriebszahlen .... S. 5

C. Definition der Betriebszahlen und Kennzahlen ..... S. 6
   I. Unabhängige Veränderliche .... S. 6
  II. Betriebskennzahlen .... S. 7

D. Betriebs-Kennzahlen .... S. 9
     1. Ausbringen .... S. 9
     2. Einsatz-Verhältnis .... S. 1o
     3. Brenndauer .... S. 14
     4. Mittlere Temperatur-Steigerung .... S. 15
     5. Spezifische Brennleistung .... S. 19
     6. Einsatz-Brennstoff-Verbrauch .... S. 22

   I. Einfluß von Ofengröße, Mauerwerk
     und Aufstellungsart .... S. 24

  II. Einfluß des Einsatzes .... S. 24

 III. Einfluß der mittleren Temperatur-Steigerung ... S. 25

  IV. Einfluß der spezifischen Brennleistung .... S. 26

E. Zusammenfassung .... S. 28

Forschungsberichte des Wirtschafts- und Verkehrsministeriums Nordrhein Westfalen

A. Aufgabenstellung

Eine Umfrage bei 46 Werken der Feuerfest-Industrie hatte gezeigt, daß die Kammeröfen zum Brennen von feuerfesten Materialien

a) etwa 30 - 35 % des Gesamt-Kohlenverbrauchs dieser Werke beanspruchen,

b) einen stark schwankenden, hohen spezifischen Kohlenverbrauch haben, ohne daß dieser eindeutig beurteilt werden kann. Auch ist ein wärmewirtschaftlicher Vergleich 2 verschiedener Kammerbrennöfen oder sogar zweier Brände eines Ofens mit verschiedenem Einsatz nur schwer oder gar nicht möglich.

Die vorliegende Arbeit verfolgt den Zweck, durch Aufstellung von Anhaltszahlen über den Zusammenhang von Leistung und Kohlenverbrauch einmal die Möglichkeiten für eine eindeutige Beurteilung der Kammer-Brennöfen zu schaffen als Grundlage zur wärmewirtschaftlichen Rationalisierung des Kammerofen-Brennbetriebs, zum anderen das Brennen von ff.Materialien im Kammerofen ebenfalls auf eine wärmetechnisch-wissenschaftliche Grundlage zu stellen, nachdem die keramisch-wissenschaftliche Grundlage desselben geklärt ist. Die wärmetechnisch-wissenschaftliche Bearbeitung muß sich dabei zunächst mit einer rohen, größenordnungsmäßigen Klärung der Zusammenhänge begnügen, auf der sodann spätere exakt-wissenschaftliche Bearbeitungen einzelner Teilprobleme aufbauen können. Der außerordentliche Umfang der Aufgabenstellung schließt ein anderes Vorgehen aus.

B. Sammlung der Betriebszahlen

Als Grundlage für die Bearbeitung der Anhaltszahlen wurden die Betriebszahlen von 35 Bränden in insgesamt 29 Langkammeröfen aufgenommen und gesammelt. Die Betriebszahlen mußten unter Betriebsbedingungen aufgenommen werden, da für zeitraubende Untersuchungen nicht die genügenden Mittel vorhanden waren. So mußte in vielen Fällen auf eine exakte Wägung der Stoffmengen verzichtet werden. Statt dessen wurden z.B. Kohlenmengen durch rohe volumetrische Messungen abgeschätzt. Messungen der Abgas-Temperaturen und der Abgas-Zusammensetzungen lagen in keinem Fall vor. Die Kohlen-Heizwerte wurden nach Zechenangabe eingesetzt. Als Maß der Brenntemperatur wurde der angegebene Segerkegel benutzt, obwohl hierdurch zusätzliche Fehler und Streuungen in die Ergebnisse hineingebracht werden.

Forschungsberichte des Wirtschafts- und Verkehrsministeriums Nordrhein Westfalen

C. Definition der Betriebszahlen und Kennzahlen

Für Vergleiche von unterschiedlichen Brennöfen reichen die in der Feuerfest-Industrie üblichen Begriffe nicht aus. So muß z.B. bei einem Vergleich von Leistungen und Brennstoff-Verbräuchen der gesamte Einsatz berücksichtigt werden und nicht nur die verkaufsfähige Ware. Deswegen seien hier zunächst die verwendeten Begriffe kurz erläutert:

I. Unabhängige Veränderliche

Maßeinheit

1. Ofenraum (lichter) m^3

   Der durch Wände, Bodensohle und Gewölbe umschlossene lichte Raum <u>ohne</u> den von den Feuerungen eingenommenen Raum.

2. Einsatz (je Brand)   t (= 1000 kg)

   ist die Summe von:
   a) grünem Einsatz im Rohzustand (einschl. Wassergehalt) und
   b) Schutz- oder Ansatz-Steinen.
   Unter "Einsatz" wird gleichzeitig die <u>Stoffart</u> des Einsatzes verstanden, während mit "Besatz" die <u>Setzweise</u> des Einsatzes gekennzeichnet wird.

3. Brutto-Erzeugung (je Brand)   t (= 1000 kg)

   ist die Summe von:
   a) gebranntem Gut <u>einschließlich</u> Bruch und Schwachbrand und
   b) Schutz- oder Ansatzsteinen.

4. Netto-Erzeugung (je Brand)   t (= 1000 kg)

   <u>Verkaufsfähige Ware</u>, d.i. gebranntes Gut <u>aus</u>schließlich Bruch und Schwachbrand.

5. Brenntemperatur $°C$

   Die gegen Ende des Brandes während der Haltezeit gehaltene Temperatur (nach Segerkegel-Angabe, streng genommen jedoch die pyrometrische Temperatur).

6. Brenndauer (je Brand)   h

   Die Feuerzeit vom Anstecken bis zum Löschen des Feuers auf den Rosten. Sie schließt die Haltezeit (Garungszeit) mit ein.

Forschungsberichte des Wirtschafts- und Verkehrsministeriums Nordrhein Westfalen

7. **Brand-Dauer** (je Brand)   h

   Bei pausenlosem Ofenbetrieb die Zeit von Feuerbeginn bis Feuerbeginn des nächsten Brandes.

8. **Kohlenverbrauch** (je Brand)   t (= 1000 kg)

   Die auf den Rosten des Ofens während eines Brandes verstochte Kohlenmenge.

9. **Normkohle**   t (= 1000 kg)

   Die auf den Normheizwert Hu_{NK} = 7.000 kcal/kg umgerechnete Kohlenmenge

   $$K_N = \frac{K \times Hu_K}{7.000} \quad (kg/kg)$$

   Alle den Kohlenverbrauch enthaltenden Kennzahlen beziehen sich auf Normkohle.

10. **Brennstoff-Kennzahlen**

    a) Kohlen-Heizwert (mittl.) Hu_K (nach Zechen-Angabe)   kcal/kg
    b) theoretischer Luftbedarf (nach Rosin-Fehling) Nm^3/kg

    $$l_o = \frac{1,01}{1,000} \times Hu_K + 0,5$$

    c) theoretische feuchte Abgasmenge (nach Rosin-Fehling) Nm^3/kg

    $$a_o' = \frac{0,89}{1,000} \times Hu_K + 1,65$$

11. **Luftfaktor** λ Nm^3/Nm^3

    Das Verhältnis von tatsächlicher und theoretischer Verbrennungsluftmenge.

II. Betriebs-Kennzahlen

Maßeinheit

1. **Besatz-Dichte** = $\dfrac{\text{Einsatz}}{\text{Ofenraum}}$ $\begin{array}{l}(I\ 2)\\(I\ 1)\end{array}$ $kg\ E/m^3$

2. (mittl.) **Brennstoff-Zufuhr**

   = $\dfrac{\text{Kohlenverbrauch}}{\text{Brenndauer}}$ $\begin{array}{l}(I\ 8/9)\\(I\ 6\ \ )\end{array}$ kg NK/h

3. (mittl.) **Wärmezufuhr**

   = Brennstoff-Zufuhr (II 2) x 7.000   kcal/h

Forschungsberichte des Wirtschafts- und Verkehrsministeriums Nordrhein Westfalen

4. (mittl.) <u>Feuerungstechnischer Wirkungsgrad</u> η_f

   $= \dfrac{\text{Wärmezufuhr (II 3)} - \text{Abgasverlust (II 7)}}{\text{Wärmezufuhr (II 3)}}$

   ist abhängig vom Heizwert Hu_K (I 10/a), theoretischer Luftbedarf l_o (I 10/b), Luftfaktor λ (I 11) und von Abgastemperatur (II 5)

5. <u>Abgas-Temperatur</u> °C

   in den Boden-Abzügen, ist abhängig von Brenntemperatur (I 5)

6. (mittl.) <u>Wärme-Aufnahme</u> kcal/h

   = Wärme-Zufuhr (II 3) x η_f (II 4)

7. (mittl.) <u>Abgas-Verlust</u> kcal/h

   = Wärme-Zufuhr (II 3) x (1 - η_f [II 5])

8. (mittl.) <u>Temperatur-Steigerung</u> °C/h

   $= \dfrac{\text{Brenntemperatur}}{\text{Brenndauer}} \begin{pmatrix} \text{I 5} \\ \text{I 6} \end{pmatrix}$

9. (mittl.) <u>Brenn-Leistung</u> kg E/h

   $= \dfrac{\text{Einsatz}}{\text{Brenndauer}} \begin{pmatrix} \text{I 2} \\ \text{I 6} \end{pmatrix}$

10. (mittl.) <u>spez. Brennleistung</u> kg E/m³h

    $= \dfrac{\text{Brennleistung}}{\text{Ofenraum}} \begin{pmatrix} \text{II 9} \\ \text{I 1} \end{pmatrix}$

    d.i. die auf den Ofenraum bezogene Brennleistung.
    Brutto-Kennzahl für wärmetechnische Vergleiche.

11. <u>Einsatz-Brennstoff-Verbrauch</u> kg NK/t Einsatz

    $= \dfrac{\text{Normkohlen-Verbrauch}}{\text{Einsatz}} \begin{pmatrix} \text{I 8/9} \\ \text{I 2} \end{pmatrix}$

    Brutto-Kennzahl für wärmetechnische Vergleiche.

12. <u>Erzeugungs-Brennstoff-Verbrauch</u> kg NK/t Erzeugung

    $= \dfrac{\text{Normkohlen-Verbrauch}}{\text{Netto-Erzeugung}} \begin{pmatrix} \text{I 8/9} \\ \text{I 4} \end{pmatrix}$

    Kennzahl für betriebswirtschaftliche Vergleiche und Kalkulation.

13. <u>Spezifischer Netto-Wärme-Verbrauch</u> kcal/t E

    $= \dfrac{\text{Wärme-Aufnahme}}{\text{Brennleistung}} \begin{pmatrix} \text{II 6} \\ \text{II 9} \end{pmatrix}$

    Netto-Kennzahl für wärmetechnische Vergleiche.

14. **Brutto-Ausbringen** $\qquad$ kg/kg

$$= \frac{\text{Brutto-Erzeugung}}{\text{Einsatz}} \begin{pmatrix} \text{I 3} \\ \text{I 2} \end{pmatrix}$$

Kennzahl für wärmetechnische Vergleiche

15. **Netto-Ausbringen** $\qquad$ kg/kg

$$= \frac{\text{Netto-Erzeugung}}{\text{grünen Einsatz}} \begin{pmatrix} \text{I 4} \\ \text{I 2a} \end{pmatrix}$$

Kennzahl für betriebswirtschaftliche Vergleiche

16. **Gesamt-Ausbringen** $\qquad$ kg/kg

$$= \frac{\text{Netto-Erzeugung}}{\text{Einsatz}} \begin{pmatrix} \text{I 4} \\ \text{I 2a+b} \end{pmatrix}$$

D. Betriebs-Kennzahlen

1. Ausbringen

In der Ff.Industrie wird als Betriebs-Kennzahl nahezu ausschließlich der Erzeugungs-Brennstoff-Verbrauch, ausgedrückt in kg Normkohle je t Netto-Erzeugung, benutzt. Er ist ein betriebswirtschaftliches Maß für die Kalkulation. Wärmewirtschaftlich sagt diese Zahl nur aus, wie sich der spezifische Brennstoff-Verbrauch für einen bestimmten Ofen und für eine bestimmte Art von Einsatz verhält. Ein wärmewirtschaftlicher Vergleich zwischen verschiedenen Einsatz-Materialien bei demselben Brenn-Ofen oder gar zwischen verschiedenen Brennöfen ist nur sehr roh möglich, wobei die Gefahr von Fehlschlüssen nicht unbedeutend ist. Es soll dieses an einem Beispiel erläutert werden:

In einem Kammerbrennofen werden sowohl Rohton als Zwischenerzeugnis als auch Schamottestein als Verkaufs-Erzeugnis gebrannt. Das Gesamt-Ausbringen beträgt bei <u>Rohton</u> 61 %, bei <u>Schamotte</u> 95,5 %. Der Erzeugungs-Brennstoff-Verbrauch stellt sich bei <u>Rohton</u> auf 361 kg NK/t NE und auf 324 kg NK/t NE bei <u>Schamotte</u>. Anscheinend arbeitet der Ofen bei Rohtonbränden unwirtschaftlicher als bei Schamottebränden. Berücksichtigt man jedoch das Gesamt-Ausbringen und vergleicht den Einsatz-Brennstoff-Verbrauch, so stehen sich 220 kg NK/t Einsatz für <u>Rohton</u> und 309 kg NK je t Einsatz für <u>Schamotte</u> gegenüber, dadurch bedingt, daß die spezifische Brennleistung bei <u>Rohton</u> über 13 kg/m^{3}h gegenüber nur knapp 9 kg/m³h bei Schamotte erreicht. Aus dem Beispiel ist also zu ersehen, daß dieser Kammer-Brennofen bei Rohtonbränden wärmewirtschaftlich günstiger arbeitet als bei Schamottebränden, daß das Brennen von Rohton (kalkulatorisch) teurer (nicht unwirtschaftlicher !) ist als das Brennen von Schamotte.

Alle Bezugswerte sind deswegen im nachfolgenden ausschließlich auf den Einsatz bezogen und nicht auf die Netto-Erzeugung. In welchem Maße die Netto-Erzeugung die Betriebs-Kennzahlen verzerren würde, ist aus Abbildung 1 zu schließen, die den Zusammenhang zwischen Netto-Erzeugung und Einsatz zeigt. Danach liegt das Gesamt-Ausbringen

bei Rohton   zwischen 61   - 74   %, i.Mittel bei 68   %
    Schamotte   "   63   - 95,5 %, i.Mittel bei 83,5 %
    Silika   "   74,5 - 92   %, i.Mittel bei 85,5 %

Im Gesamt-Ausbringen sind sowohl Schwachbrand und Bruch als auch Ansatz- und Schutzsteine sowie die Material-Feuchtigkeit enthalten.

2. Einsatz-Verhältnisse

Die mittlere Besatzdichte ist unabhängig von der Ofengröße und von der Einsatz-Menge (Abbildung 3, oberer Teil). Sie schwankt für alle Materialien zwischen 600 - 1100 kg Einsatz je m³ lichtem Ofenraum. Genauen Einblick gibt die Häufigkeitsverteilung der Besatzdichte (Abbildung 2 !), die sich für alle Materialien in verschiedene Gruppen auflöst, und zwar für

	kg/m³	kg/m³	kg/m³
Rohton	550 - 700	800 - 950	1.000 - 1.100
Schamotte	600 - 700	750 - 950	1.050 - 1.100
Silika	650 - 700	750 - 850	1.050 - 1.150

Ob diese Gruppen-Einteilung auf material-bedingte Ursachen zurückzuführen, oder ob sie ein reines Zufallsergebnis ist, ist bei der geringen Anzahl Punkte nicht eindeutig zu entscheiden. Für die Besatzdichte des Rohtons sind physikalische Gestalt (Schollen, Klumpen usw.) und Brennverhalten (Zerfall) maßgebend. Rohton verliert beim Brennen rd. ein Drittel an Substanz ohne wesentliche Änderung seiner Wichte. Durch die Schwindung verringert sich die Gasdurchlässigkeit des Einsatzes, die durch mechanischen Zerfall des Einsatzes noch weiter vermindert werden kann.

Forschungsberichte des Wirtschafts- und Verkehrsministeriums Nordrhein Westfalen

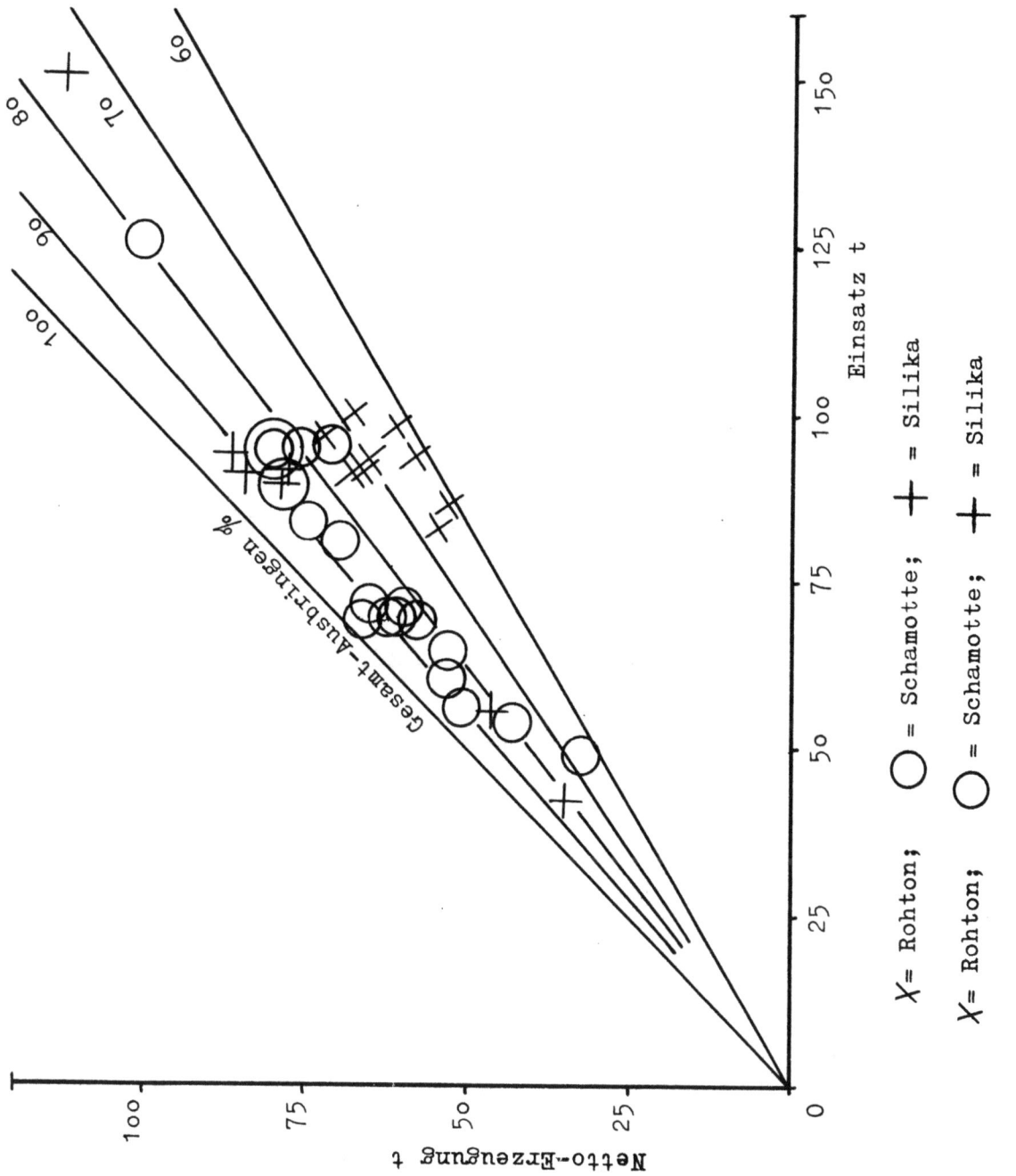

Abbildung 1

Forschungsberichte des Wirtschafts- und Verkehrsministeriums Nordrhein Westfalen

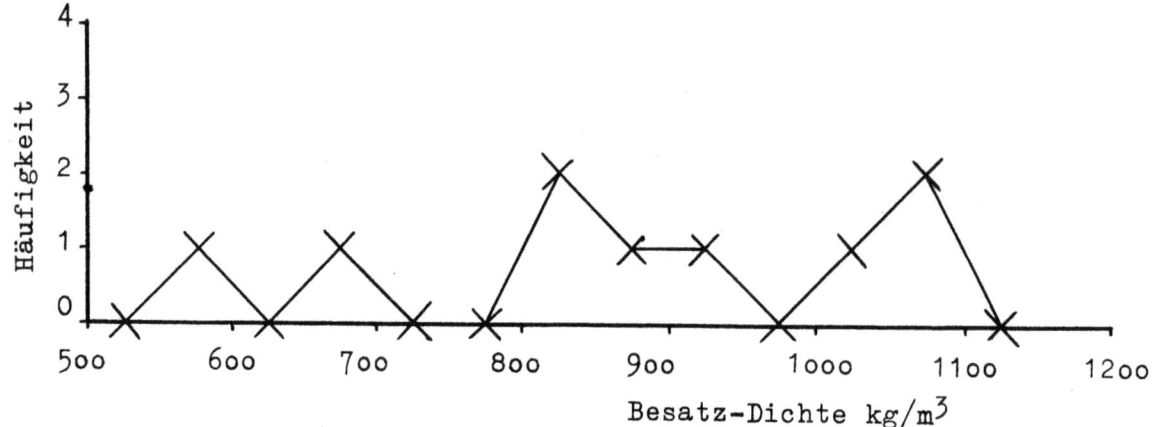

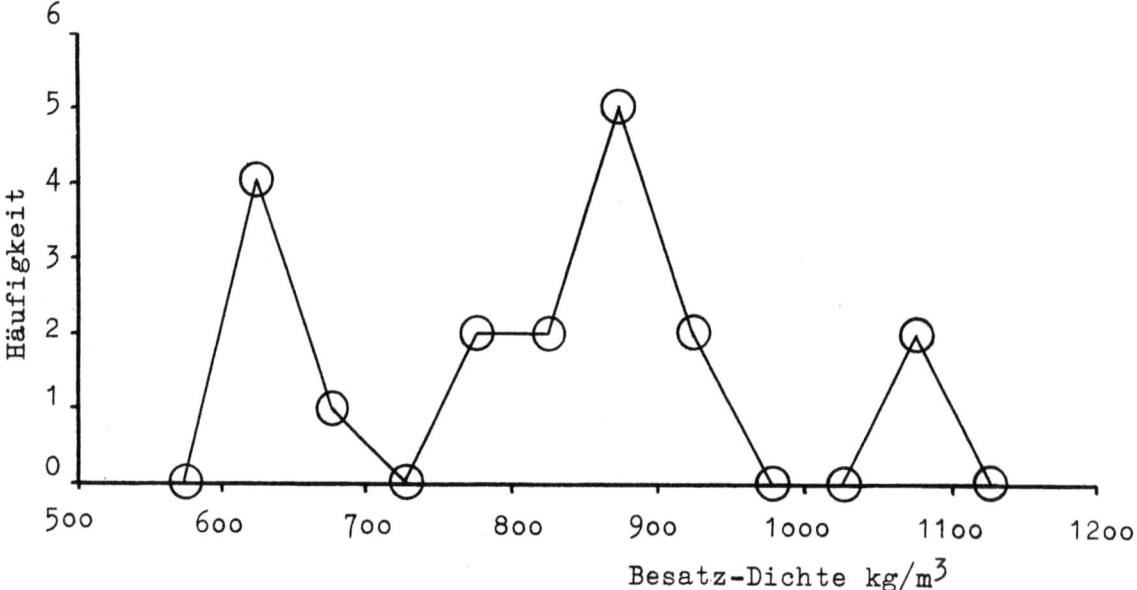

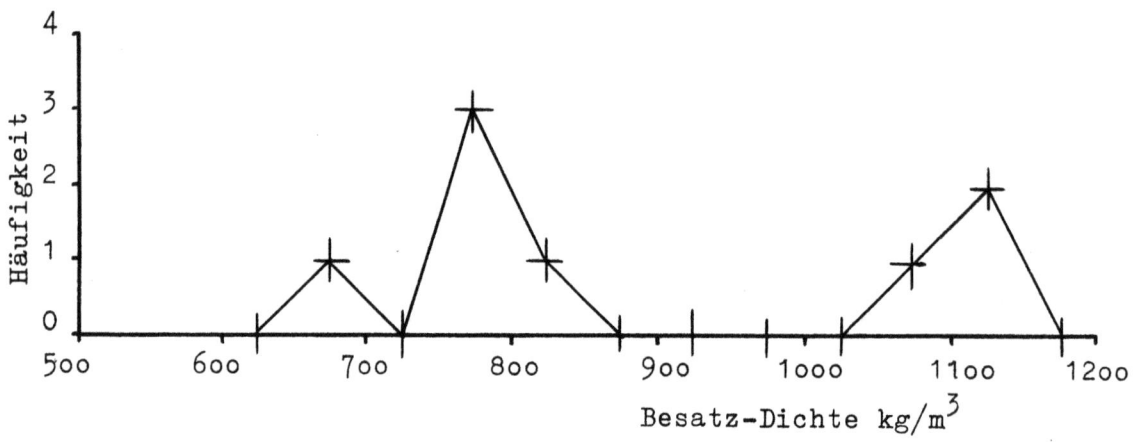

X = Rohton, ◯ = Schamotte, + = Silika

Seite 12

Forschungsberichte des Wirtschafts- und Verkehrsministeriums Nordrhein Westfalen

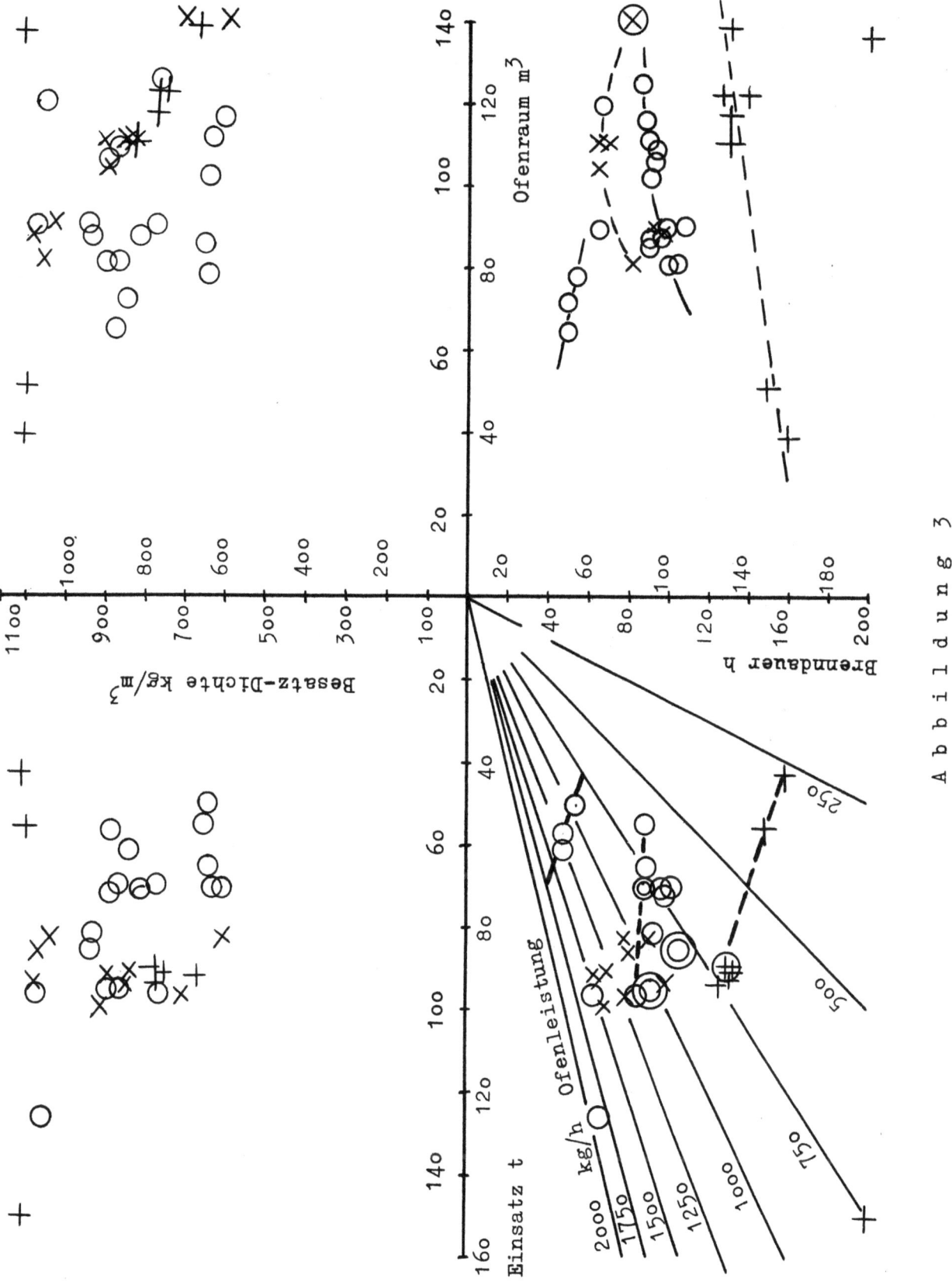

Abbildung 3

Forschungsberichte des Wirtschafts- und Verkehrsministeriums Nordrhein Westfalen

Auf diese Vorgänge muß die Besatzdichte des Rohtons abgestimmt werden. Die Besatzdichte für Schamotte und Silika richtet sich nach anderen Gesichtspunkten, nämlich nach

a) <u>der Form und Größe des Einsatzes</u>: Normformate
                                                         Hohlsteine und leichte Formsteine
                                                         Schwere Formsteine

b) der Qualität: Normale Handelsware
                                                         ff. Verschleißmaterialien
                                                         Sonderqualitäten

c) dem Feuchtigkeits-Gehalt
    des grünen Einsatzes: ungetrocknet
                                                 vorgetrocknet
                                                 durchgetrocknet

d) der Standfestigkeit (Kaltdruckfestigkeit) des Einsatzes, die von Form und Feuchtigkeitsgehalt desselben bestimmt wird.

Es sind also im wesentlichen stets 3 Material-Eigenschaften, die - sich überlagernd - die Besatzdichte für Schamotte und Silika bedingen, so daß zunächst keine kurvenmäßigen Darstellungen für die Abhängigkeit der Besatzdichte von der Ofengröße festgelegt werden können. Was die Einsatzverhältnisse für den einzelnen Brand eines Ofens betrifft, so schwankt der Feuchtigkeitsgehalt zwar nur in geringen Grenzen. Im übrigen handelt es sich durchweg um Mischeinsätze, d.h., der Einsatz enthält neben einem mehr oder weniger hohen Anteil an Normformaten auch unterschiedliche Anteile entweder an Hohlsteinen und leichten Formsteinen oder an schweren, mehr oder weniger komplizierten Formsteinen. Der Einsatz kann unter Umständen auch unterschiedliche Qualitäten einer Einsatzart einschließen. Der Charakter der Mischeinsätze geht nicht ohne weiteres aus der Besatzdichte hervor, kann aber andere Betriebskennzahlen wesentlich beeinflussen.

3. Brenndauer

Die Brenndauer (Feuerzeit) ist nach Abbildung 3, unten, nicht nur qualitätsbedingt. Die verschiedenen Qualitäten zeigen auffallenderweise mit wachsendem Ofeninhalt bzw. mit zunehmendem Einsatz eine absolute Verkürzung der Brenndauer. Diese scheinbare Tendenz ist irreführend. Wesentlich stärkere Einflüsse als die Ofengröße müssen auf die Brenndauer von Einfluß sein. Diese tritt noch deutlicher in Abbildung 4 hervor, die den Zusammenhang zwischen der Brenndauer und der Brenntemperatur zeigt. Eine Untersuchung der Brenndauer als absolute Kennzahl scheidet damit aus. Sie ist als Zeitquotient in anderen Kennzahlen zu untersuchen.

4. Mittlere Temperatur-Steigerung

Die mittlere Temperatur-Steigerung schließt die Haltezeit gegen Ende der Brennzeit mit ein. Sie ist deswegen kleiner als die wahre Temperatur-Steigerung. Die mittlere Temperatur-Steigerung wird bestimmt von dem Brennverhalten des Einsatzes, ist also naturgemäß qualitäts-bedingt. Form und Maßhaltigkeit des Einsatzes dürfen durch das Brennverhalten nicht beeinträchtigt werden. Im Brennverhalten des Einsatzes wirken sich die Materialfeuchtigkeit sowie chemische und kristalline Umwandlungen aus. Die Temperatur darf während des Brandes nur so stark gesteigert werden, daß die genannten Vorgänge im Einsatz stetig und nicht sprunghaft verlaufen, worauf insbesondere bei schweren und komplizierten Formsteinen Rücksicht genommen werden muß. Bei Mischeinsätzen - wie sie unter E 2) bereits erwähnt wurden - muß die mittlere Temperatur-Steigerung auf die ungünstigsten und schwierigsten Anteile des Einsatzes Rücksicht nehmen.

Eine Abhängigkeit der mittleren Temperatur-Steigerung von der Ofengröße konnte nicht festgestellt werden.

Die Besatzdichte hat auf die mittlere Temperatur-Steigerung (Abbildung 5, unten) anscheinend keinen wesentlichen Einfluß. Danach liegt sie für

a) Silika zwischen 9 - 12°C/h, i.M. 11°C/h

b) Schamotte, vorgetrocknete Normal-Qualitäten " 12 - 17°C/h, i.M. 15°C/h

c) Rohton " 16 - 18°C/h, i.M. 17°C/h

d) Schamotte, vorgetrocknete Sonder-Qualitäten " 14 - 20°C/h, i.M. 19°C/h

e) Schamotte, durchgetrocknete Sonder-Qualitäten 27°C/h

Die Streubreite der mittleren Temperatur-Steigerung beträgt in den Gruppen a), b) und c) $\pm$ 1°C/h, in Gruppe d) $\pm$ 0,1°C/h. Stärkere Abweichungen scheinen material-bedingt zu sein. Für die Gruppen c) und d) ist keine

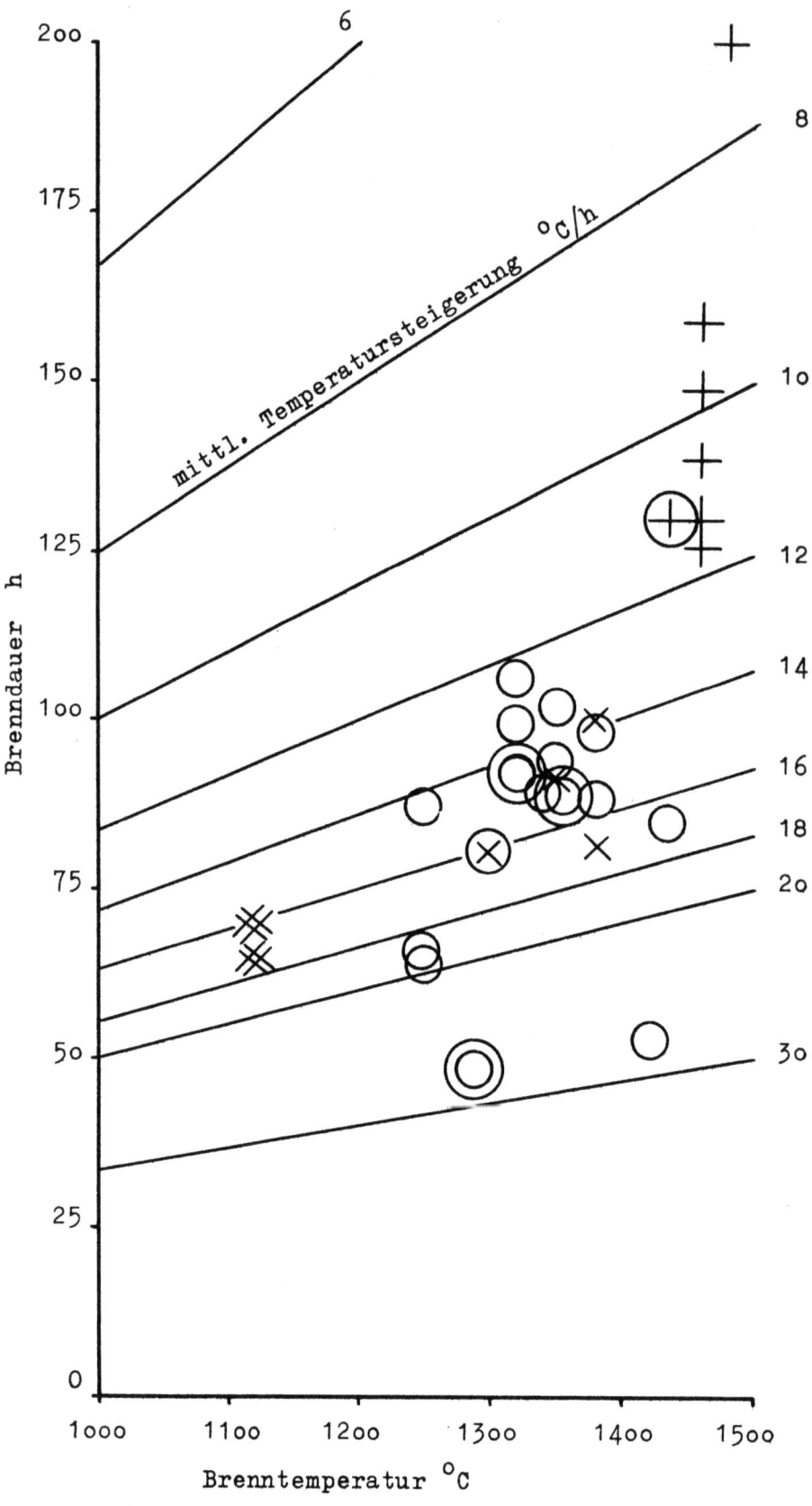

Abbildung 4

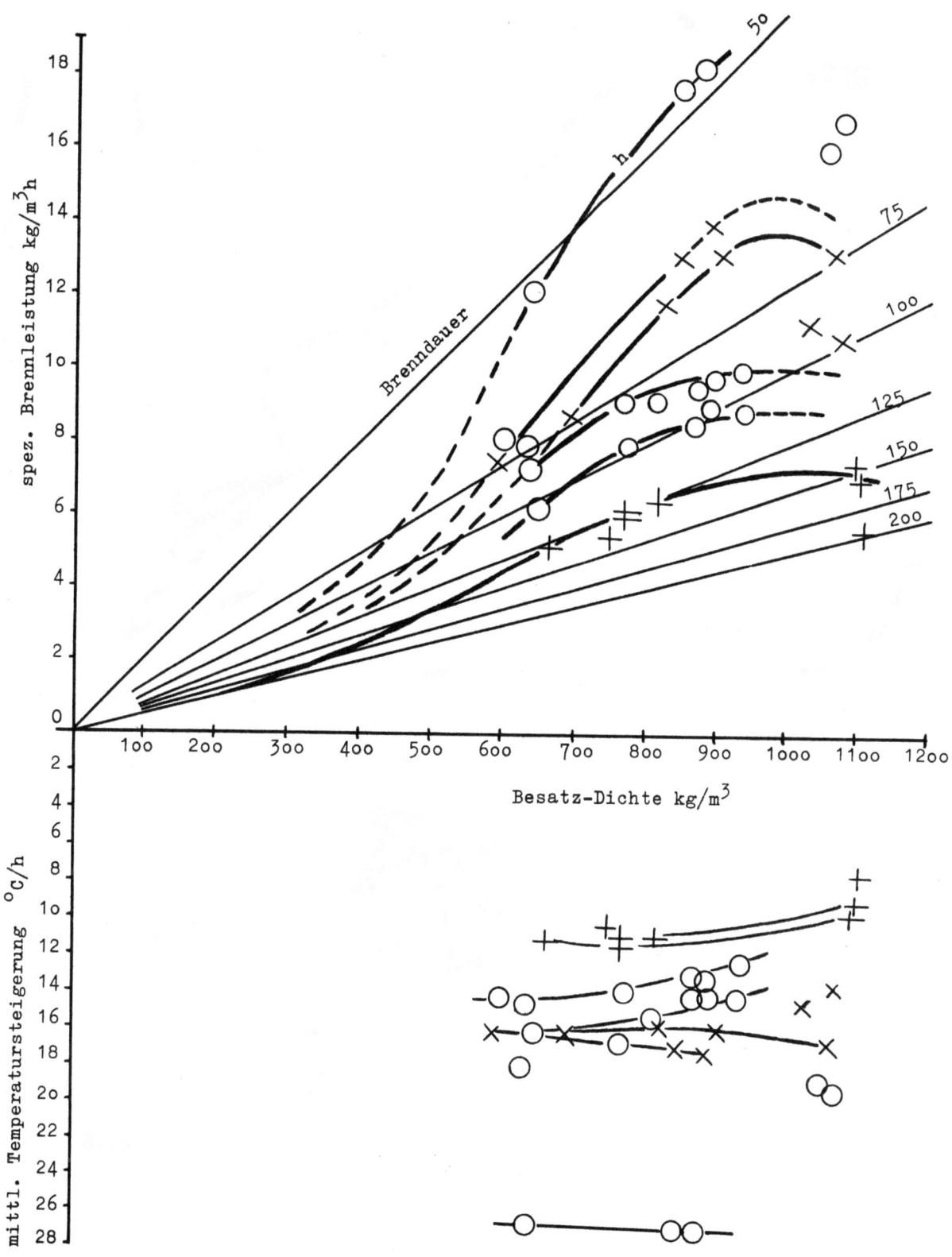

Abbildung 5

Forschungsberichte des Wirtschafts- und Verkehrsministeriums Nordrhein Westfalen

Abhängigkeit der mittleren Temperatur-Steigerung von der Besatz-Dichte festzustellen. Für die Silika-Gruppe a) zwischen 700 - 1100 kg/m³ und für die Schamotte-Gruppe b) zwischen 650 - 950 kg/m³ scheint mit steigender Besatz-Dichte die mittlere Temperatur-Steigerung um jeweils 2°C/h abzusinken, ebenfalls 2 Öfen der Rohton-Gruppe c) im Bereich von 1000 - 1100 kg/m³. Im letzteren Falle könnte es sich um während des Brandes mechanisch zerfallende Tone handeln. In allen 3 Gruppen ist das Absinken der Temperatur-Steigerung vornehmlich an solchen Öfen festzustellen, die eine geringe mittlere Ofenhöhe von nur 2,1 - 2,8 m haben, die also verhältnismäßig flach gebaut sind. Daraus sind 2 Alternativ-Schlüsse zu ziehen, die einer näheren Klärung bedürfen, da keine allgemeingültige Abhängigkeit der mittleren Temperatursteigerung von der mittleren Ofenhöhe festgestellt werden konnte. Einmal könnten material-bedingte Einflüsse, z.B. Mischeinsätze mit Sonderqualitäten, die Temperatur-Steigerung vermindern. Zum anderen könnten bei flachen Öfen durch die Ausnutzung der möglichen Temperatur-Steigerung die Abgas-Temperaturen und damit die Abgas-Verluste zu hoch ansteigen, wodurch der spezifische Kohlenverbrauch unwirtschaftlich hoch ansteigen könnte. Dasselbe trifft zu, wenn aus Qualitätsgründen mit verhältnismäßig großem Luftüberschuß gearbeitet werden müßte. Tatsächlich haben die erwähnten Öfen einen verhältnismäßig hohen spez. Kohlenverbrauch.

Für alle Abhängigkeiten von der Besatzdichte bestehen gewisse Lücken, und zwar bei

<u>Silika</u> Gruppe a) zwischen 850 - 1.050 kg/m³
<u>Schamotte</u> Gruppe b) über 950 - 1.100 kg/m³
<u>Rohton</u> Gruppe c) zwischen 925 - 1.025 kg/m³
<u>Schamotte</u> Gruppe d) zwischen 700 - 1.000 kg/m³
<u>Schamotte</u> Gruppe e) zwischen 700 - 800 kg/m³ und
950 - 1.100 kg/m³

Es besteht die Wahrscheinlichkeit, daß die mittlere Temperatur-Steigerung in allen Fällen ausschließlich material- und qualitäts-bedingt, jedoch vollkommen unabhängig von der Besatzdichte ist.

Wider Erwarten ergibt sich kein Zusammenhang zwischen mittlerer Temperatur-Steigerung und spezifischer Wärmezufuhr, d.i. die auf die Ofenraum-Einheit bezogene mittlere Wärmezufuhr in kcal/m³h. So benötigen 3 verschiedene Silika-Brände für eine mittlere Temperatur-Steigerung von 11°C/h zwischen 14.000 - 18.500 kcal/m³h und insgesamt 7 Schamotte- und Rohton-Brände für eine mittlere Temperatur-Steigerung von 16 - 17°C/h eine spezifische mittlere Wärmezufuhr zwischen 12.500 - 20.500 kcal/m³h. Die Streuungen der spez. Wärmezufuhr sind unabhängig von der Ofengröße, so daß sie auf andere Einflüsse zurückgeführt werden müssen.

5. Spezifische Brennleistung

Die spezifische Brennleistung in kg Einsatz je m³ Ofenraum und Brennstunde ist naturgemäß für die einzelnen Einsatzmaterialien unterschiedlich. Sie sinkt scheinbar mit der Ofengröße ab, was aber auf andere Ursachen zurückzuführen ist. Auch scheint zunächst zwischen spezifischer Brennleistung und mittlerer Temperatur-Steigerung kein ursächlicher Zusammenhang zu bestehen, schwanken doch für bestimmte Temperatur-Steigerungen die spezifischen Brennleistungen um etwa 30 - 35 % des Spitzenwertes oder um etwa 50 % des Minimalwertes. Es muß demnach ein außerordentlich starker Einfluß die genannten Einflüsse dominierend überlagern, so daß sie auf ein nicht erkennbares Maß zurückgedrängt werden.

Die weitere Untersuchung ergibt eine starke ausgeprägte Änderung der spezifischen Brennleistung für die verschiedenen Einsatzmaterialien und -Qualitäten von der Besatzdichte (Abbildung 5, oben). Für die Besatzdichte 0 kg/m³ ist die spezifische Brennleistung - ebenso wie für die Besatzdichte "Unendlich" - 0 kg/m³h. Mit wachsender Besatzdichte steigt die spezifische Brennleistung zunächst konkav an, erreicht bei etwa 550 - 650 kg/m³ einen Wendepunkt, um dann weiterhin konvex einem Maximum bei 975 - 1.025 kg/m³ zuzustreben. Danach fällt die Kurve, deren Form unter der Bezeichnung "Glockenkurve" bekannt ist, wieder ab. Je hochwertiger das Einsatzmaterial ist, um so flacher verlaufen die Glockenkurven. Es scheint, daß sich das Maximum der einzelnen Charakteristiken mit höheren Qualitäten (flacherer Kurve) etwas nach höherer Besatzdichte verschiebt. Wegen zu geringer Punktezahl sind die in Abbildung 5, oben, dargestellten Kurven lückenhaft und dementsprechend unsicher. Dennoch scheint eine ungefähre Bestimmung der maximal erreichbaren spez. Brennleistungen und der zugehörigen günstigsten Besatzdichten möglich, die wie folgt angegeben werden sollen:

Einsatzmaterial:	kg/m³h spez. Brennleistung:		kg/m³ Besatzdichte:
Silika	7,0 - 7,5	bei	1.000 - 1.050
Schamotte, Normalbrände	9,0 - 10,0	bei	975 - 1.025
Rohton	13,5 - 14,5	bei	950 - 1.000
Schamotte, Sonderbrände	bis 20	bei	925 - 975

Die Halbwerte der Glockenkurven, d.h. die halbe spez. Brennleistung in bezug auf die Scheitelwerte, werden etwa bei 550 - 600 kg/m³ erreicht. Es sei darauf hingewiesen, daß 15 Brände = 40 % bei einer Besatzdichte zwischen 600 - 800 kg/m³ liegen und damit nur etwa 60 - 75 % der optimalen spezifischen Brennleistung ausnutzen. Die Fragen des Besatzes und der erreichbaren Besatzdichte für die verschiedenen Einsatzarten müßten noch einer besonders sorgfältigen Prüfung unterzogen werden.

Aus dem Kurvenverlauf der von der Besatzdichte abhängigen spez. Brennleistung sind bereits wichtige Schlüsse zu ziehen:

a) Je höher die Brenntemperatur, um so flacher verläuft die zugehörige Glockenkurve der spezifischen Brennleistung.

b) Je besser das Einsatzmaterial vorgetrocknet ist, um so höher und steiler verläuft die zugehörige Glockenkurve der spezifischen Brennleistung.

c) Je mehr Kristall-Umwandlungen im Einsatz erfolgen, d.h. je empfindlicher das Einsatzmaterial ist, um so flacher verläuft die zugehörige Glockenkurve der spez. Brennleistung.

In Abbildung 5, oben, überlagern sich die 3 vorgenannten Einflüsse zu 5a bis 5c. Wegen der zu geringen Anzahl Kurven-Punkte ist eine klare Trennung derselben nicht möglich. Durch weitere Untersuchungen müßte unter Berücksichtigung des Feuchtigkeitsgehaltes und der Kristall-Umwandlung im Einsatz die Abhängigkeit der optimalen spezifischen Brennleistung von der Brenntemperatur geprüft werden. Zweifellos ist für diese Abhängigkeit ein stetiger Kurvenverlauf zu erwarten, in den Feuchtigkeitsgehalt und Kristall-Umwandlung als überlagernder Parameter eingehen.

d) Der Besatz ist wärmetechnisch als räumliches Gitterwerk aufzufassen, worin der Wärmeübergang durch Konvektion dem durch Strahlung, auch bei hohen Temperaturen, überwiegt. Der konvektive Wärmeübergang ist proportional dem Verhältnis

$$\sqrt{w_o} \quad : \quad \sqrt[3]{d}$$

worin

w_o = die auf Normzustand ($0°C$; 760 mm QS) bezogene Gasgeschwindigkeit
d = der hydraulische Durchmesser des Besatzes ist.

Je größer also die Besatzdichte, umso kleiner der hydraulische Durchmesser, umso größer der konvektive Wärmeübergang. Andererseits kann für einen vorgegebenen hydraulischen Durchmesser, d.h. einen gegebenen Besatz mit einer gegebenen Besatzdichte, der konvektive Wärmeübergang durch Änderung der Normgeschwindigkeit im freien Besatzquerschnitt geregelt werden. Eine Änderung der Normgeschwindigkeit der Heizgase ist möglich durch

1. Änderung der in der Zeiteinheit verbrannten Kohlenmenge und/oder
2. Änderung des Luftfaktors.

Beides bedeutet eine Überhöhung des Kohlenverbrauchs, sofern eine Steigerung der Konvektion beabsichtigt ist. Die Möglichkeit d1) bedeutet eine gleichzeitige Temperatur-Steigerung, die Möglichkeit d2) eine gleichzeitige Temperatur-Senkung. Soll eine bestimmte Temperatur-Steigerung oder gar eine bestimmte Temperatur gehalten werden, so muß die Steigerung des konvektiven Wärmeübergangs durch eine Kombination von d1) und d2) erzwungen werden. Bei geringer Besatzdichte ist dieser Aufwand wesentlich größer als bei hoher Besatzdichte, der Brennstoffverbrauch muß zunehmen. Hierzu ein Beispiel:

In einem bestimmten Ofen wird einmal ein Brand mit hoher Besatzdichte, ein zweites Mal ein solcher mit geringer Besatzdichte durchgeführt. Brenntemperatur, Zusammensetzung des Einsatzes und mittlere Temperatur-Steigerung sollen in beiden Fällen gleich sein, so daß auch die Brenndauer gleich sein muß. Das setzt in beiden Fällen trotz unterschiedlicher Besatzdichte (unterschiedlichem hydraulischen Durchmesser) gleichen konvektiven Wärmeübergang voraus. Dieser wird nur erreicht durch größere Gasgeschwindigkeit, also durch größere Gasmengen (im Normzustand). Folglich müssen in der Zeiteinheit bei geringer Besatzdichte mehr Kohlen verstocht werden als bei hoher Besatzdichte. Dadurch steigen aber die Temperaturen über das festgesetzte Maß hinaus an. Um die vorgegebenen Temperaturen einzuhalten, muß also mit größerem Luftfaktor gefeuert werden. Unter sonst gleichen Betriebsbedingungen läßt der Brand mit der geringeren Besatzdichte bei gleicher spez. Brennleistung einen höheren spezifischen Brennstoffverbrauch erwarten. Die spezifische Brennleistung ist unter diesen Voraussetzungen umgekehrt proportional der Besatzdichte.

Damit dürfte die außerordentliche Bedeutung des Besatzes und der Besatzdichte und die Klärung der damit zusammenhängenden Fragen genügend hervorgehoben sein.

Aufgrund der bisherigen Feststellungen ist es nicht verwunderlich, daß entgegen allen Erwartungen die mittlere spezifische Wärmezufuhr, also die auf den Ofenraum bezogene mittlere Wärmezufuhr in $kcal/m^3h$, keinen erkennbaren Einfluß auf die spezifische Brennleistung ausübt. Besatzdichte und Luftfaktor bestimmen den Brennstoff-Verbrauch wesentlich stärker als die spezifische Brennleistung.

6. Einsatz-Brennstoff-Verbrauch

Aufgrund der bisherigen Untersuchungsergebnisse ist zu erwarten, daß der auf den Einsatz bezogene Normkohlenverbrauch mancherlei Einflüssen unterliegt. Vermutlich werden die einzelnen Betriebsverhältnisse einen unterschiedlich starken Einfluß auf den Einsatz-Kohlenverbrauch ausüben. Die weitere Untersuchung hat zu prüfen, welche Einflüsse von ausschlaggebender Bedeutung und welche von untergeordneter Bedeutung für die Höhe des Einsatz-Brennstoff-Verbrauchs sind. Als Einflußgrößen auf den Einsatz-Brennstoff-Verbrauch kommen in Betracht:

a) **Die Ofengröße**

Die Wandflächen sind die Wärmeverlustflächen eines Ofens (Wärmeverluste durch Leitung, Strahlung, Gasdurchlässigkeit). Je größer ein Ofen ist, um so kleiner wird das Verhältnis Oberfläche : Inhalt, um so kleiner ist der Anteil der Wandverluste.

b) **Ausführung und Zustand des Mauerwerks**

sind maßgebend für die Wärmeableitung und Gasdurchlässigkeit je Flächen-Einheit der Ofenwandung.

c) **Der Aufstellungsort**

(in der Halle oder im Freien) bestimmt die Witterungs-Einflüsse, d.h. die Wandkühlung durch Windanfall oder Regenbrause und das Temperatur-Gefälle zwischen Außenoberfläche der Ofenwandung und Lufthülle bzw. Ofenumgebung.

d) **Die Art der Kohlenaufgabe**

Große Mengen in großen Abständen mit stark schwankenden großen Perioden der Feuerführung oder kleine Mengen in kleinen Abständen mit stetiger Feuerführung.

e) **Die Feuerführung**

mit stark schwankendem Luftfaktor, hohem Luftfaktor oder geringem Luftüberschuß. Luftüberschuß muß ebenfalls auf die Flammentemperaturen erhitzt werden, frißt also zusätzlichen Kohlenverbrauch und steigert den Abgasverlust.

f) **Die Brenntemperatur**

Je höher die Brenntemperatur, um so größer ist die Wärmeaufnahme des Einsatzes und um so größer ist der Abgasverlust.

g) **Die Besatzdichte**

ist maßgebend für Wärmeübergang und Luftfaktor. Geringe Besatzdichte bedeutet hohen Kohlenverbrauch und hohen Abgasverlust. Es gibt eine optimale Besatzdichte für günstigste spezifische Brennleistung und damit für jeweils günstigsten Kohlenverbrauch.

h) **Die Brenn-Eigenschaften des Einsatzes**

d.s. Feuchtigkeitsgehalt, chemische und kristalline Umwandlungen, Form und Größe des Einsatzmaterials bestimmen die mittlere Temperatur-Steigerung und damit den Zeitfaktor des Kohlenverbrauchs.

i) **Die spezifische Brennleistung**

läßt für geringe Werte einen hohen spezifischen Kohlenverbrauch und für hohe Werte einen verminderten spez. Kohlenverbrauch erwarten.

Darüber hinaus beeinflussen:
1. der Feuchtigkeitsgehalt des Einsatzes
2. der anfallende Schwachbrand und Bruch

3. die miteingesetzten Ansatz- und Schutzsteine

den Erzeugungs-Brennstoff-Verbrauch, d.i. der Normkohlen-Verbrauch je t verkaufsfähige Ware. Deswegen wird der Erzeugungs-Brennstoff-Verbrauch nicht mit in die Untersuchungen einbezogen.

I. Einfluß von Ofengröße, Mauerwerk und Aufstellungsart

Die hier nicht wiedergegebene Darstellung des Einsatz-Brennstoff-Verbrauchs, abhängig von der Ofengröße, zeigt ein etwa trapezförmiges Streufeld. Offensichtlich ordnen sich darin die Punkte in nicht scharf abgrenzbaren Gruppen nach der Brenntemperatur. Zweifellos ist die Brenntemperatur für diese Darstellung der Hauptparameter. Aus der Streuung der einzelnen Punkte innerhalb der Gruppen ist zu schließen, daß sich der Brenntemperatur als Haupteinflußgröße die Einsatzqualität, der Luftfaktor und die spezifische Brennleistung als sekundäre Einflüsse überlagern, ohne daß diese zunächst isoliert werden können. Da die 4 Einflußgrößen hervorstechend überwiegen, ist es vorerst nicht möglich, den Einfluß der Ofengröße auf den Einsatz-Brennstoff-Verbrauch klarzustellen. Aus diesem Grunde wird auf eine bildliche Wiedergabe der beschriebenen Darstellung verzichtet. Damit erübrigt sich zunächst auch eine Prüfung der Einflüsse von Ausführung und Zustand des Mauerwerks und vom Aufstellungsort.

II. Einfluß der Einsatzes

In der hier ebenfalls nicht wiedergegebenen Darstellung der Abhängigkeit des Einsatz-Brennstoff-Verbrauchs von der Besatzdichte ordnen sich die Punkte des Streufeldes gleichfalls nach Qualität und Brenntemperatur, denen sich der Luftfaktor überlagert. Es hat den Anschein, daß durch den Zusammenhang zwischen Besatz-Dichte und spezifischer Brennleistung die Besatz-Dichte einen Einfluß auf den Einsatz-Brennstoff-Verbrauch ausübt. Es scheint so, als ob die Steigerung der Besatzdichte von 600 kg/m^3 auf 1.000 kg/m^3 eine Verminderung des Einsatz-Brennstoff-Verbrauchs von rd. 100 kg/t herbeiführt, d. s. etwa 25 kg NK/t Einsatz für 100 kg/m^3 Unterschied in der Besatzdichte. Das würde bedeuten, daß für einen Schamottebrand durch die Steigerung der Besatzdichte von 600 kg/m^3 auf 1.000 kg/m^3 der spezifische Normkohlen-Verbrauch von 300 kg NK/t Einsatz auf 200 kg NK/t Einsatz sinken würde, oder aber für einen Silika-Brand die Steigerung der Besatzdichte von 700 kg/m³ auf 1.100 kg/m³ den spezifischen Kohlenverbrauch von 400 kg NK/t Einsatz auf 300 kg NK/t Einsatz vermindern würde. Die angegebene Relation kann allenfalls als eine "Faustregel" angesehen werden. Zu ihrer sicheren Bestimmung müßten alle spezifischen Normkohlenverbräuche für den Luftfaktor λ = 1,0 oder einen anderen, in allen Fällen gleichen und allgemein gültigen Luftfaktor ermittelt werden. Da jedoch der tatsächliche Luftfaktor bestenfalls spekulativ angegeben werden kann, muß vorerwähnter Vorbehalt gemacht und von einer bildlichen Darstellung abgesehen werden.

III. Einfluß der mittleren Temperatur-Steigerung

Der Einsatz-Brennstoff-Verbrauch zeigt eine deutliche Abhängigkeit von der mittleren Temperatur-Steigerung (Abbildung 6, links), die durch folgende 3 Gruppen-Mittelwerte gekennzeichnet wird:

Temperatur-Steigerung	10,5	15,4	18,0	°C/h
spezifischer Kohlenverbrauch	410	292	195	kg NK/t Einsatz

(vergl. stark ausgezogene Kurve!)

Vermutlich ist die Parallel-Verschiebung der Kurven auf den Einfluß des Luftfaktors zurückzuführen, da kein Zusammenhang dieser Kurven mit der Besatzdichte und der spezifischen Brennleistung festgestellt werden kann. Das Herausfallen von 4 Punkten (3 Schamotte- + 1 Silika-Brand) scheint Qualitätsgründe zu haben.

Unterstellt man die Richtigkeit der dargestellten Kurve, d.h. den echten Zusammenhang zwischen Temperatur-Steigerung und spezifischem Kohlenverbrauch, so würde das bedeuten, daß sich mit der Änderung der Temperatur-Steigerung um 1°C/h der spez. Kohlenverbrauch für Silika um etwa 20 kg NK/t Einsatz, für Schamotte- und Rohton sogar um 30 - 35 kg NK/t Einsatz ändert. Da eine Änderung der mittleren Temperatur-Steigerung eine umgekehrt proportionale Änderung der Brenndauer und damit eine direkt proportionale Änderung der spezifischen Brennleistung verursacht, dürfte tatsächlich ein Zusammenhang zwischen mittlerer Temperatur-Steigerung und Einsatz-Brennstoff-Verbrauch bestehen. Um die Kurve als absoluten Vergleichsmaßstab verwenden zu können, müßte sie - unter Berücksichtigung der Einsatzqualitäten - auf den Luftfaktor λ = 1,0 oder einen anderen gleichen und allgemein gültigen Luftfaktor reduziert werden.

Forschungsberichte des Wirtschafts- und Verkehrsministeriums Nordrhein Westfalen

IV. Einfluß der spezifischen Brennleistung

Die spezifische Brennleistung beeinflußt den Einsatz-Brennstoff-Verbrauch in Form eines eindeutig gelagerten Streufeldes (Abbildung 6, rechts). Ähnlich der Brennstoff-Verbrauch-Leistungs-Charakteristik anderer Industrieöfen wird das Streufeld für die Kammerbrennöfen von 2 Grenzkurven mit hyperbelähnlichem Charakter eingeschlossen. Auch die Zwischenwerte zwischen den beiden Grenzkurven liegen auf solchen hyperbelähnlichen Kurven. Die 3 eingezeichneten Kurven werden etwa durch folgende Werte bestimmt:

<u>Obere Grenzkurve</u> 7   9   11   14 $kg/m^3 h$
                      440 280 210 165 kg NK/t Einsatz

<u>Mittlere Kurve</u>   6   7   8,5 10 $kg/m^3 h$
                      440 305 230 180 kg NK/t Einsatz

<u>Untere Grenzkurve</u> 5   5,5 6,5 $kg/m^3 h$
                      440 305 220   kg NK/t Einsatz

Auch die oberhalb der oberen Grenzkurve streuenden Punkte liegen auf solchen hyperbelartigen Kurven mit z.B. möglicherweise folgendem Verlauf:

11,5 13,5 16   18 $kg/m^3 h$
380   310   245 215 kg NK/t Einsatz

Mit abnehmender spezifischer Brennleistung steigt der Einsatz-Brennstoff-Verbrauch rasch an in Richtung "Unendlich", wobei die Kurve asymptotisch einem unteren Grenzwert der spezifischen Brennleistung zustrebt. Mit steigender spezifischer Brennleistung nähert sich der Einsatz-Brennstoff-Verbrauch asymptotisch einem unteren Grenzwert. Die asymptotischen Grenzwerte werden von den dargestellten Kurvenzweigen nicht erreicht.

Als überlagernde Einflußgrößen sind in der spezifischen Brennleistung enthalten die Besatzdichte und die der spez. Brennleistung nahezu proportionale Temperatur-Steigerung, damit auch die Brenntemperatur und die Material-Eigenschaften des Einsatzes. Die genannten überlagernden Einflußgrößen wirken sich in einer Horizontal-Verschiebung der charakteristischen Kurve aus. In den spezifischen Brennstoff-Verbrauch eingeschlossen ist der feuerungstechnische Wirkungsgrad, der bestimmt wird durch Brenntemperatur und Luftfaktor. Diese bewirken eine Vertikal-Verschiebung der charakteristischen Kurve. Da der Luftfaktor der Verbrennung sowohl über

Forschungsberichte des Wirtschafts- und Verkehrsministeriums Nordrhein Westfalen

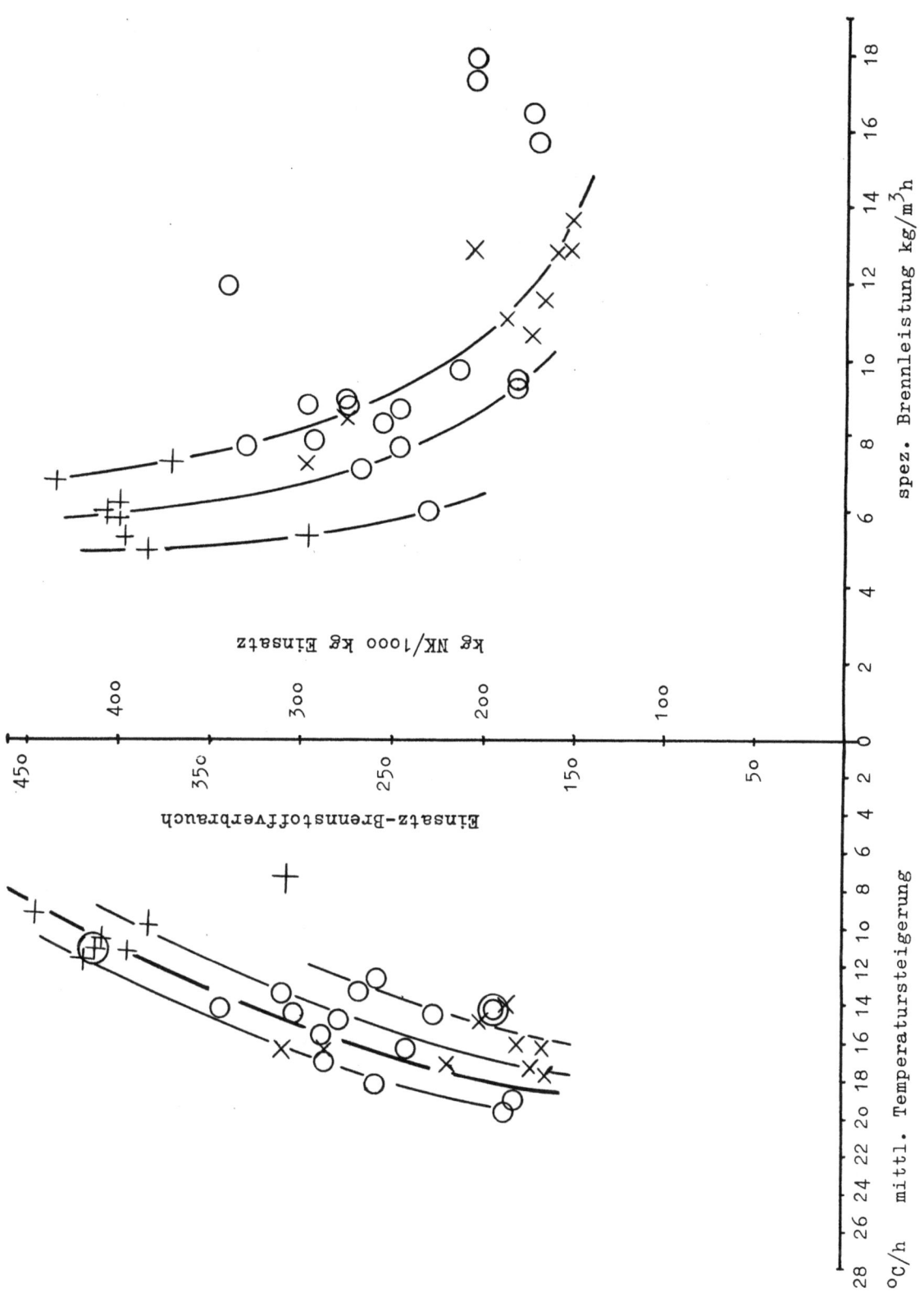

Abbildung 6

den feuerungstechnischen Wirkungsgrad in den Einsatz-Brennstoff-Verbrauch eingeht als auch über die Besatzdichte in die spezifische Brennleistung, verschiebt der Luftfaktor die Kurve in beiden Komponenenten. Theoretisch müßte die Ofengröße eine Vertikal-Verschiebung der Kurven verursachen, doch ist eine solche durch entsprechenden Vergleich der einzelnen Punkte des Streufeldes nicht feststellbar. Daraus ist zu schließen, daß die erwähnten betrieblichen Einflußgrößen sich wesentlich stärker auf den Einsatz-Brennstoff-Verbrauch auswirken als die Ofengröße.

Die Darstellung Abbildung 6, rechts, gibt bereits recht interessante Aufschlüsse für einen Vergleich verschiedener Kammer-Brennöfen, zumal bei Berücksichtigung des Einflusses der Besatzdichte auf die spezifische Brennleistung nach Abbildung 5, oben. Für einen exakten Vergleich müßte aus der Darstellung Abbildung 6, rechts, der tatsächliche Luftfaktor eliminiert werden. Da der mittlere Luftfaktor für die untersuchten Brände nicht bekannt ist, kann eine exakte Brennstoff-Verbrauchs-Brennleistungs-Charakteristik höchstens spekulativ daraus abgeleitet werden.

E. Zusammenfassung

Aufgrund einer Untersuchung der Betriebskennzahlen von Kammeröfen zum Brennen von ff. Materialien, basierend auf den unter Betriebsbedingungen aufgenommenen Betriebszahlen von Langöfen, konnte der grundsätzliche Zusammenhang zwischen Ofenleistung und Kohlenverbrauch geklärt werden. Die mittlere Temperatur-Steigerung dürfte ausschließlich von den Material-Eigenschaften des Einsatzes abhängen, jedoch nicht von der Besatzdichte. Die Besatzdichte übt einen starken Einfluß auf die spezifische Brennleistung aus. Auch hängt das Verbrennungsverhältnis, d.h. der Luftfaktor, in einem gewissen Maße von der Besatzdichte ab. Durch den Luftfaktor wird der Wärmeübergang im räumlichen Gitterwerk des Besatzes beeinflußt und damit ebenfalls die spezifische Brennleistung. Andererseits bestimmt der Luftfaktor in Verbindung mit der Brenntemperatur bzw. der davon abhängenden Abgas-Temperatur den feuerungstechnischen Wirkungsgrad. Die spezifische Brennleistung hängt nicht nur von der Besatzdichte ab, sondern sie ist auch nahezu direkt proportional der mittleren Temperatur-Steigerung. Der Einsatz-Brennstoff-Verbrauch ändert sich nach der spezifischen Brennleistung nach einer hyperbelähnlichen Charakteristik. Dieser Charakteristik

Forschungsberichte des Wirtschafts- und Verkehrsministeriums Nordrhein-Westfalen

überlagern sich die Einflüsse des feuerungstechnischen Wirkungsgrades und der mittleren Temperatur-Steigerung. Ein Einfluß der Ofengröße auf die Betriebskennzahlen konnte nicht festgestellt werden.

Damit konnte der Grundcharakter der Betriebskennzahlen und ihre Größenordnung für kohlengefeuerte Langkammer-Brennöfen der Feuerfest-Industrie geklärt werden. Durch Eliminierung des - an der Ofensohle herrschenden - Luftfaktors und des Abgas-Wärmeverlustes, d.h. also durch Eliminierung des feuerungstechnischen Wirkungsgrades, könnte eine allgemein gültige Abhängigkeit der spezifischen Brennleistung in kg/m^3h von der von den Heizgasen je Brennraumeinheit abgegebenen Wärmemenge in $kcal/m^3h$ aufgestellt werden, in die die Besatzdichte in kg/m^3 als Parameter eingehen würde. Hierzu sind einige Kontrollmessungen der Abgas-Zusammensetzung und Abgas-Temperatur an der Ofensohle bei bekanntem Einsatz, Brennstoff-Verbrauch und bekannter Besatzdichte, Brennstoff-Zusammensetzung und Brenn-Temperatur erforderlich. Die so gewonnenen exakten Kurven dürften nicht nur eine eindeutige Beurteilung eines jeden (Rund- oder Lang-) Kammer-Brennofens unabhängig von der Brennstoffart, der Feuerungsart und der Feuerungsverhältnisse ermöglichen, sondern auch im wesentlichen für die andern Ofentypen der Feuerfest-Industrie wie Kammer-Ringöfen, Ringöfen und Tunnelöfen - mit Ausnahme der Schachtöfen - anwendbar sein. Sie würden auch einen Vergleich unterschiedlicher Ofentypen untereinander ermöglichen. Damit wäre die Möglichkeit gegeben, über einen solchen wärmetechnischen Vergleich einen eindeutigen Vergleich der Wirtschaftlichkeit verschiedener Öfen oder verschiedener Ofentypen durchzuführen.

Dr.-Ing. P.O. V E H

FORSCHUNGSBERICHTE DES WIRTSCHAFTS- UND VERKEHRSMINISTERIUMS NORDRHEIN-WESTFALEN

Herausgegeben von Staatssekretär Prof. Leo Brandt

Heft 1:
Prof. Dr.-Ing. Eugen Flegler, Aachen
Untersuchungen oxydischer Ferromagnet-Werkstoffe

Heft 2:
Prof. Dr. phil. Walter Fuchs, Aachen
Untersuchungen über absatzfreie Teeröle

Heft 3:
Techn.-Wissenschaftl. Büro für die Bastfaserindustrie, Bielefeld
Untersuchungsarbeiten zur Verbesserung des Leinenwebstuhls

Heft 4:
Prof. Dr. E. A. Müller u. Dipl.-Ing. H. Spitzer, Dortmund
Untersuchungen über die Hitzebelastung in Hüttenbetrieben

Heft 5:
Dipl.-Ing. Werner Fister, Aachen
Prüfstand der Turbinenuntersuchungen

Heft 6:
Prof. Dr. phil. Walter Fuchs, Aachen
Untersuchungen über die Zusammensetzung und Verwendbarkeit von Schwelteerfraktionen

Heft 7:
Prof. Dr. phil. Walter Fuchs, Aachen
Untersuchungen über emsländisches Petrolatum

Heft 8:
Maria Elisabeth Meffert und Heinz Stratmann, Essen
Algen-Großkulturen im Sommer 1951

Heft 9:
Techn.-Wissenschaftl. Büro für die Bastfaserindustrie, Bielefeld
Untersuchungen über die zweckmäßige Wicklungsart von Leinengarnkreuzspulen unter Berücksichtigung der Anwendung hoher Geschwindigkeiten des Garnes
Vorversuche für Zetteln und Schären von Leinengarnen auf Hochleistungsmaschinen

Heft 10:
Prof. Dr. Wilhelm Vogel, Köln
„Das Streifenpaar" als neues System zur mechanischen Vergrößerung kleiner Verschiebungen und seine technischen Anwendungsmöglichkeiten

Heft 11:
Laboratorium für Werkzeugmaschinen und Betriebslehre, Technische Hochschule Aachen
1. Untersuchungen über Metallbearbeitung im Fräsvorgang mit Hartmetallwerkzeugen und negativem Spanwinkel
2. Weiterentwicklung des Schleifverfahrens für die Herstellung von Präzisionswerkstücken unter Vermeidung hoher Temperaturen
3. Untersuchung von Oberflächenveredlungsverfahren zur Steigerung der Belastbarkeit hochbeanspruchter Bauteile

Heft 12:
Elektrowärme-Institut, Langenberg (Rhld.)
Induktive Erwärmung mit Netzfrequenz

Heft 13:
Techn.-Wissenschaftl. Büro für die Bastfaserindustrie, Bielefeld
Das Naßspinnen von Bastfasergarnen mit chemischen Zusätzen zum Spinnbad

Heft 14:
Forschungsstelle für Acetylen, Dortmund
Untersuchungen über Aceton als Lösungsmittel für Acetylen

Heft 15:
Wäschereiforschung Krefeld
Trocknen von Wäschestoffen

Heft 16:
Max-Planck-Institut für Kohlenforschung, Mülheim a. d. Ruhr
Arbeiten des MPI für Kohlenforschung

Heft 17:
Ingenieurbüro Herbert Stein, M. Gladbach
Untersuchung der Verzugsvorgänge in den Streckwerken verschiedener Spinnereimaschinen. 1. Bericht: Vergleichende Prüfung mit verschiedenen Dickenmeßgeräten

Heft 18:
Wäschereiforschung Krefeld
Grundlagen zur Erfassung der chemischen Schädigung beim Waschen

Heft 19:
Techn.-Wissenschaftl. Büro für die Bastfaserindustrie, Bielefeld
Die Auswirkung des Schlichtens von Leinengarnketten auf den Verarbeitungswirkungsgrad, sowie die Festigkeits- und Dehnungsverhältnisse der Garne und Gewebe

Heft 20:
Techn.-Wissenschaftl. Büro für die Bastfaserindustrie, Bielefeld
Trocknung von Leinengarnen I
Vorgang und Einwirkung auf die Garnqualität

Heft 21:
Techn.-Wissenschaftl. Büro für die Bastfaserindustrie, Bielefeld
Trocknung von Leinengarnen II
Spulenanordnung und Luftführung beim Trocknen von Kreuzspulen

Heft 22:
Techn.-Wissenschaftl. Büro für die Bastfaserindustrie, Bielefeld
Die Reparaturanfälligkeit von Webstühlen

Heft 23:
Institut für Starkstromtechnik, Aachen
Rechnerische und experimentelle Untersuchungen zur Kenntnis der Metadyne als Umformer von konstanter Spannung auf konstanten Strom

Heft 24:
Institut für Starkstromtechnik, Aachen
Vergleich verschiedener Generator-Metadyne-Schaltungen in bezug auf statisches Verhalten

Heft 25:
Gesellschaft für Kohlentechnik mbH., Dortmund-Eving
Struktur der Steinkohlen und Steinkohlen-Kokse

Heft 26:
Techn.-Wissenschaftl. Büro für die Bastfaserindustrie, Bielefeld
Vergleichende Untersuchungen zweier neuzeitlicher Ungleichmäßigkeitsprüfer für Bänder und Garne hinsichtlich Ihrer Eignung für die Bastfaserspinnerei

Heft 27:
Prof. Dr. E. Schratz, Münster
Untersuchungen zur Rentabilität des Arzneipflanzenanbaues
Römische Kamille, Anthemis nobilis L.

Heft: 28:
Prof. Dr. E. Schratz, Münster
Calendula officinalis L.
Studien zur Ernährung, Blütenfüllung und Rentabilität der Drogengewinnung

Heft 29:
Techn.-Wissenschaftl. Büro für die Bastfaserindustrie, Bielefeld
Die Ausnützung der Leinengarne in Geweben

Heft 30:
Gesellschaft für Kohlentechnik mbH., Dortmund-Eving
Kombinierte Entaschung und Verschwelung von Steinkohle; Aufarbeitung von Steinkohlenschlämmen zu verkokbarer oder verschwelbarer Kohle

Heft 31:
Dipl.-Ing. Störmann, Essen
Messung des Leistungsbedarfs von Doppelsteg-Kettenförderern

Heft 32:
Techn.-Wissenschaftl. Büro für die Bastfaserindustrie, Bielefeld
Der Einfluß der Natriumchloridbleiche auf Qualität und Verwebbarkeit von Leinengarnen und die Eigenschaften der Leinengewebe unter besonderer Berücksichtigung des Einsatzes von Schützen- und Spulenwechselautomaten in der Leinenweberei

Heft 33:
Kohlenstoffbiologische Forschungsstation e. V.
Eine Methode zur Bestimmung von Schwefeldioxyd und Schwefelwasserstoff in Rauchgasen und in der Atmosphäre

Heft 34:
Textilforschungsanstalt Krefeld
Quellungs- und Entquellungsvorgänge bei Faserstoffen

Heft 35:
Professor Dr. Wilhelm Kast, Krefeld
Feinstrukturuntersuchungen an künstlichen Zellulosefasern verschiedener Herstellungsverfahren

Heft 36:
Forschungsinstitut der feuerfesten Industrie, Bonn
Untersuchungen über die Trocknung von Rohton.
Untersuchungen über die chemische Reinigung von Silika- und Schamotte-Rohstoffen mit chlorhaltigen Gasen

Heft 37:
Forschungsinstitut der feuerfesten Industrie, Bonn
Untersuchungen über den Einfluß der Probenvorbereitung auf die Kaltdruckfestigkeit feuerfester Steine

Heft 38:
Forschungsstelle für Acetylen, Dortmund
Untersuchungen über die Trocknung von Acetylen zur Herstellung von Dissousgas

Heft 39:
Forschungsgesellschaft Blechverarbeitung e. V., Düsseldorf
Untersuchungen an prägegemusterten und vorgelochten Blechen

Heft 40:
Landesgeologe Dr.-Ing. W. Wolff, Amt für Bodenforschung, Krefeld
Untersuchungen über die Anwendbarkeit geophysikalischer Verfahren zur Untersuchung von Spateisengängen im Siegerland

Heft 41:
Techn.-Wissenschaftl. Büro für die Bastfaserindustrie, Bielefeld
Untersuchungsarbeiten zur Verbesserung des Leinenwebstuhles II

Heft 42:
Professor Dr. Burckhardt Helferich, Bonn
Untersuchungen über Wirkstoffe — Fermente — in der Kartoffel und die Möglichkeit ihrer Verwendung

Heft 43:
Forschungsgesellschaft Blechverarbeitung e. V., Düsseldorf
Forschungsergebnisse über das Beizen von Blechen

Heft 44:
Arbeitsgemeinschaft für praktische Dehnungsmessung, Düsseldorf
Eigenschaften und Anwendungen von Dehnungsmeßstreifen

Heft 45:
Losenhausenwerk Düsseldorfer Maschinenbau AG., Düsseldorf
Untersuchungen von störenden Einflüssen auf die Lastgrenzenanzeige von Dauerschwingprüfmaschinen

Heft 46:
Professor Dr. phil. W. Fuchs, Aachen
Untersuchungen über die Aufbereitung von Wasser für die Dampferzeugung in Benson-Kesseln

Heft 47:
Prof. Dr.-Ing. habil. Karl Krekeler, Aachen
Versuche über die Anwendung der induktiven Erwärmung zum Sintern von hochschmelzenden Metallen sowie zur Anlegierung und Vergütung von aufgespritzten Metallschichten mit dem Grundwerkstoff.

Heft 48:
Max-Planck-Institut für Eisenforschung, Düsseldorf
Spektrochemische Analyse der Gefügebestandteile in Stählen nach ihrer Isolierung

Heft 49:
Max-Planck-Institut für Eisenforschung, Düsseldorf
Untersuchungen über Ablauf der Desoxydation und die Bildung von Einschlüssen in Stählen

Heft 50:
Max-Planck-Institut für Eisenforschung, Düsseldorf
Flammenspektralanalytische Untersuchung der Ferritzusammensetzung in Stählen

Heft 51:
Verein zur Förderung von Forschungs- und Entwicklungsarbeiten in der Werkzeugindustrie e. V., Remscheid
Untersuchungen an Kreissägeblättern für Holz, Fehler- und Spannungsprüfverfahren

Heft 52:
Forschungsstelle für Azetylen, Dortmund
Untersuchungen über den Umsatz bei der explosiblen Zersetzung von Azetylen
 a) Zersetzung von gasförmigem Azetylen,
 b) Zersetzung von an Silikagel adsorbiertem Azetylen

Heft 53:
Professor Dr.-Ing. H. Opitz, Aachen
Reibwert- und Verschleißmessungen an Kunststoffgleitführungen für Werkzeugmaschinen

Heft 54:
Professor Dr.-Ing. habil. F. A. F. Schmidt, Aachen
Schaffung von Grundlagen für die Erhöhung der spez. Leistung und Herabsetzung des spez. Brennstoffverbrauches bei Ottomotoren mit Teilbericht über Arbeiten an einem neuen Einspritzverfahren

Heft 55:
Forschungsgesellschaft Blechverarbeitung, Düsseldorf
Chemisches Glänzen von Messing und Neusilber

Heft 56:
Forschungsgesellschaft Blechverarbeitung, Düsseldorf
Untersuchungen über einige Probleme der Behandlung von Blechoberflächen

Heft 57:
Prof. Dr.-Ing. habil. F. A. F. Schmidt, Aachen
Untersuchungen zur Erforschung des Einflusses des chemischen Aufbaues des Kraftstoffes auf sein Verhalten im Motor und in Brennkammern von Gasturbinen.

Heft 58:
Gesellschaft für Kohlentechnik m. b. H., Dortmund
Herstellung und Untersuchung von Steinkohlenschwelteer.

Heft 59:
Forschungsinstitut der Feuerfest-Industrie, Bonn
Ein Schnellanalysenverfahren zur Bestimmung von Aluminiumoxyd, Eisenoxyd und Titanoxyd in feuerfestem Material mittels organischer Farbreagenzien auf photometrischem Wege
Untersuchungen des Alkali-Gehaltes feuerfester Stoffe mit dem Flammenphotometer nach Riehm-Lange

Heft 60:
Forschungsgesellschaft Blechverarbeitung e. V., Düsseldorf
Untersuchungen über das Spritzlackieren im elektrostatischen Hochspannungsfeld

Heft 61:
Verein zur Förderung von Forschungs- und Entwicklungsarbeiten in der Werkzeugindustrie e. V., Remscheid
Schwingungs- und Arbeitsverhalten von Kreissägeblättern für Holz

Heft 62:
Professor Dr. W. Franz, Institut für theoretische Physik der Universität Münster
Berechnung des elektrischen Durchschlags durch feste und flüssige Isolatoren

Heft 63:
Textilforschungsanstalt Krefeld
Neue Methoden zur Untersuchung der Wirkungsweise von Textilhilfsmitteln
Untersuchungen über Schlichtungs- und Entschlichtungsvorgänge

Heft 64:
Textilforschungsanstalt Krefeld
Die Kettenlängenverteilung von hochpolymeren Faserstoffen
Über die fraktionierte Fällung von Polyamiden

Heft 65:
Fachverband Schneidwarenindustrie, Solingen
Untersuchungen über das elektrolytische Polieren von Tafelmesserklingen aus rostfreiem Stahl

Heft 66:
Dr.-Ing. Peter Füsgen VDI †, Düsseldorf
Untersuchungen über das Auftreten des Ratterns bei selbsthemmenden Schneckengetrieben und seine Verhütung

Heft 67:
Heinrich Wösthoff o. H. G., Apparatebau, Bochum
Entwicklung einer chemisch-physikalischen Apparatur zur Bestimmung kleinster Kohlenoxyd-Konzentrationen

Heft 68:
Kohlenstoffbiologische Forschungsstation e. V., Essen
Algengroßkulturen im Sommer 1952
II. Über die unsterile Großkultur von Scenedesmus obliquus

Heft 69:
Wäschereiforschung Krefeld
Bestimmung des Faserabbaues bei Leinen unter besonderer Berücksichtigung der Leinengarnbleiche

Heft 70:
Wäschereiforschung Krefeld
Trocknen von Wäschestoffen

Heft 71:
Prof. Dr.-Ing. K. Leist, Aachen
Kleingasturbinen, insbesondere zum Fahrzeugantrieb

Heft 72:
Prof. Dr.-Ing. K. Leist, Aachen
Beitrag zur Untersuchung von stehenden geraden Turbinengittern mit Hilfe von Druckverteilungsmessungen

Heft 73:
Prof. Dr.-Ing. K. Leist, Aachen
Spannungsoptische Untersuchungen von Turbinenschaufelfüßen

Heft 74:
Max-Planck-Institut für Eisenforschung, Düsseldorf
Versuche zur Klärung des Umwandlungsverhaltens eines sonderkarbidbildenden Chromstahls

Heft 75:
Max-Planck-Institut für Eisenforschung, Düsseldorf
Zeit-Temperatur-Umwandlungs-Schaubilder als Grundlage der Wärmebehandlung der Stähle

Heft 76:
Max-Planck-Institut für Arbeitsphysiologie, Dortmund
Arbeitstechnische und arbeitsphysiologische Rationalisierung von Mauersteinen

Heft 77:
Meteor Apparatebau Paul Schmeck G. m. b. H., Siegen
Entwicklung von Leuchtstoffröhren hoher Leistung

Heft 78:
Forschungsstelle für Acetylen, Dortmund
Über die Zustandsgleichung des gasförmigen Acetylens und das Gleichgewicht Acetylen—Aceton

Heft 79:
Techn.-Wissenschaftl. Büro für die Bastfaserindustrie, Bielefeld
Trocknung von Leinengarnen III
Spinnspulen- und Spinnkopstrocknung
Vorgang und Einwirkung auf die Garnqualität

Heft 80:
Techn.-Wissenschaftl. Büro für die Bastfaserindustrie, Bielefeld
Die Verarbeitung von Leinengarn auf Webstühlen mit und ohne Oberbau

Heft 81:
Prüf- und Forschungsinstitut für Ziegeleierzeugnisse, Essen-Kray
Die Einführung des großformatigen Einheits-Gitterziegels im Lande Nordrhein-Westfalen

Heft 82:
Vereinigte Aluminium-Werke AG., Bonn
Forschungsarbeiten auf dem Gebiet der Veredelung von Aluminium-Oberflächen

Heft 83:
Prof. Dr. S. Strugger, Münster
Über die Struktur der Proplastiden

Heft 84:
Dr. med. habil., Dr. phil. H. Baron, Düsseldorf
Über Standardisierung von Wundtextilien

Heft 85:
Textilforschungsanstalt Krefeld
Physikalische Untersuchungen an Fasern, Fäden, Garnen und Geweben:
Untersuchungen am Knickscheuergerät nach Weltzien

Heft 86:
Professor Dr.-Ing. H. Opitz, Aachen
Untersuchungen über das Fräsen von Baustahl sowie über den Einfluß des Gefüges auf die Zerspanbarkeit

Heft 87:
Gemeinschaftsausschuß Verzinken, Düsseldorf
Untersuchungen über Güte von Verzinkungen

Heft 88:
Gesellschaft für Kohlentechnik mbH., Dortmund-Eving
Oxydation von Steinkohle mit Salpetersäure

Heft 89:
Verein Deutscher Ingenieure, Gleitlagerforschung, Düsseldorf und Prof. Dr.-Ing. G. Vogelpohl, Göttingen
Versuche mit Preßstoff-Lagern für Walzwerke

Heft 90:
Forschungs-Institut der Feuerfest-Industrie, Bonn
Das Verhalten von Silikasteinen im Siemens-Martin-Ofengewölbe

Heft 91:
Forschungs-Institut der Feuerfest-Industrie, Bonn
Untersuchungen des Zusammenhangs zwischen Leistung und Kohlenverbrauch von Kammeröfen zum Brennen von feuerfesten Materialien

Heft 92:
Techn.-Wissenschaftl. Büro für die Bastfaserindustrie, Bielefeld und Laboratorium für textile Meßtechnik, M.-Gladbach
Messungen von Vorgängen am Webstuhl

Heft 93:
Prof. Dr. W. Kast, Krefeld
Spinnversuche zur Strukturerfassung künstlicher Zellulosefasern

Heft 94:
Prof. Dr. phil. habil. G. Winter, Bonn
Die Heilpflanzen des MATTHIOLUS (1611) gegen Infektionen der Harnwege und Verunreinigung der Wunden bzw. zur Förderung der Wundheilung im Lichte der Antibiotikaforschung

Heft 95:
Prof. Dr. phil. habil. G. Winter, Bonn
Untersuchungen über die flüchtigen Antibiotika aus der Kapuziner- (Tropaeolum maius) und Gartenkresse (Lepidium sativum) und ihr Verhalten im menschlichen Körper bei Aufnahme von Kapuziner- bzw. Gartenkressensalat per os

Heft 96:
Dr.-Ing. P. Koch, Dortmund
Austritt von Exoelektronen aus Metalloberflächen unter Berücksichtigung der Verwendung des Effektes für die Materialprüfung

Heft 97:
Ing. H. Stein, M.-Gladbach
Laboratorium für textile Meßtechnik
Untersuchung der Verzugsvorgänge an den Streckwerken verschiedener Spinnereimaschinen
2. Bericht: Ermittlung der Haft-Gleiteigenschaften von Faserbändern und Vorgarnen

Heft 98:
Fachverband Gesenkschmieden, Hagen
Die Arbeitsgenauigkeit beim Gesenkschmieden unter Hämmern

Heft 99:
Prof. Dr.-Ing. G. Garbotz, Aachen
Der Kraft- und Arbeitsaufwand sowie die Leistungen beim Biegen von Bewehrungsstählen in Abhängigkeit von den Abmessungen, den Formen und der Güte der Stähle (Ermittlung von Leistungsrichtlinien)

Heft 100:
Prof. Dr.-Ing. H. Opitz, Aachen
Untersuchungen von elektrischen Antrieben, Steuerungen und Regelungen an Werkzeugmaschinen

VERÖFFENTLICHUNGEN
DER ARBEITSGEMEINSCHAFT FÜR FORSCHUNG
DES LANDES NORDRHEIN-WESTFALEN

Im Auftrage des Ministerpräsidenten Karl Arnold

Herausgegeben von Staatssekretär Prof. Leo Brandt

Heft 1:
Prof. Dr.-Ing. Friedrich Seewald, Technische Hochschule Aachen
Neue Entwicklungen auf dem Gebiete der Antriebsmaschinen
Prof. Dr.-Ing. Friedrich A. F. Schmidt, Technische Hochschule Aachen
Technischer Stand und Zukunftsaussichten der Verbrennungsmaschinen, insbesondere der Gasturbinen
Dr.-Ing. R. Friedrich, Siemens-Schuckert-Werke A.-G., Mülheimer Werk
Möglichkeiten und Voraussetzungen der industriellen Verwertung der Gasturbine

Heft 2:
Prof. Dr.-Ing. Wolfgang Riezler, Universität Bonn
Probleme der Kernphysik
Prof. Dr. phil. Fritz Micheel, Universität Münster,
Isotope als Forschungsmittel in der Chemie und Biochemie

Heft 3:
Prof. Dr. med. Emil Lehnartz, Universität Münster
Der Chemismus der Muskelmaschine
Prof. Dr. med. Gunther Lehmann, Direktor des Max-Planck-Instituts für Arbeitsphysiologie, Dortmund
Physiologische Forschung als Voraussetzung der Bestgestaltung der menschlichen Arbeit
Prof. Dr. Heinrich Kraut, Max-Planck-Institut für Arbeitsphysiologie, Dortmund
Ernährung und Leistungsfähigkeit

Heft 4:
Prof. Dr. Franz Wever, Max-Planck-Institut für Eisenforschung, Düsseldorf
Aufgaben der Eisenforschung
Prof. Dr.-Ing. Hermann Schenck, Technische Hochschule Aachen
Entwicklungslinien des deutschen Eisenhüttenwesens
Prof. Dr.-Ing. Max Haas, Techn. Hochschule Aachen
Wirtschaftliche und technische Bedeutung der Leichtmetalle und ihre Entwicklungsmöglichkeiten

Heft 5:
Prof. Dr. med. Walter Kikuth, Medizinische Akademie Düsseldorf
Virusforschung
Prof. Dr. Rolf Danneel, Universität Bonn
Fortschritte der Krebsforschung
Prof. Dr. med. Dr. phil. W. Schulemann, Univ. Bonn
Wirtschaftliche und organisatorische Gesichtspunkte für die Verbesserung unserer Hochschulforschung

Heft 6:
Prof. Dr. Walter Weizel, Institut für theoretische Physik, Bonn
Die gegenwärtige Situation der Grundlagenforschung in der Physik
Prof. Dr. Siegfried Strugger, Universität Münster
Das Duplikantenproblem in der Biologie
Prof. Dr. Rolf Danneel, Universität Bonn
Über das Verhalten der Mitochondrien bei der Mitose der Mesenchymzellen des Hühner-Embryos
Direktor Dr. Fritz Gummert, Ruhrgas A.-G., Essen
Überlegungen zu den Faktoren Raum und Zeit im biologischen Geschehen und Möglichkeiten einer Nutzanwendung

Heft 7:
Prof. Dr.-Ing. August Götte, Technische Hochschule Aachen
Steinkohle als Rohstoff und Energiequelle
Prof. Dr. e. h. Karl Ziegler, Max-Planck-Institut für Kohlenforschung Mülheim a. d. Ruhr
Über Arbeiten des Max-Planck-Instituts für Kohlenforschung

Heft 8:
Prof. Dr.-Ing. Wilhelm Fucks, Technische Hochschule Aachen
Die Naturwissenschaft, die Technik und der Mensch
Prof. Dr. sc. pol. Walther Hoffmann, Universität Münster
Wirtschaftliche und soziologische Probleme des technischen Fortschritts

Heft 9:
Prof. Dr.-Ing. Franz Bollenrath, Technische Hochschule Aachen
Zur Entwicklung warmfester Werkstoffe
Dr. Heinrich Kaiser, Staatl. Materialprüfungsamt Dortmund
Stand spektralanalytischer Prüfverfahren und Folgerung für deutsche Verhältnisse

Heft 10:
Prof. Dr. Hans Braun, Universität Bonn
Möglichkeiten und Grenzen der Resistenzzüchtung
Prof. Dr.-Ing. Carl Heinrich Dencker, Universität Bonn
Der Weg der Landwirtschaft von der Energieautarkie zur Fremdenergie

Heft 11:
Prof. Dr.-Ing. Herwart Opitz, Technische Hochschule Aachen
Entwicklungslinien der Fertigungstechnik in der Metallbearbeitung
Prof. Dr.-Ing. Karl Krekeler, Technische Hochschule Aachen
Stand und Aussichten der schweißtechnischen Fertigungsverfahren

Heft: 12
Dr. Hermann Rathert, Mitglied des Vorstandes der Vereinigten Glanzstoff-Fabriken A.-G., Wuppertal-Elberfeld
Entwicklung auf dem Gebiet der Chemiefaser-Herstellung
Prof. Dr. Wilhelm Weltzien, Direktor der Textilforschungsanstalt Krefeld
Rohstoff und Veredlung in der Textilwirtschaft

Heft: 13
Dr.-Ing. e. h. Karl Herz, Chefingenieur im Bundesministerium für das Post- und Fernmeldewesen Frankfurt a. Main
Die technischen Entwicklungstendenzen im elektrischen Nachrichtenwesen
Ministerialdirektor Dipl.-Ing. Leo Brandt, Düsseldorf
Navigation und Luftsicherung

Heft 14:
Prof. Dr. Burckhardt Helferich, Universität Bonn
Stand der Enzymchemie und ihre Bedeutung
Prof. Dr. med. Hugo W. Knipping, Direktor der Med. Universitätsklinik Köln
Ausschnitt aus der klinischen Carcinomforschung am Beispiel des Lungenkrebses

Heft 15:
Prof. Dr. Abraham Esau, Technische Hochschule Aachen
Die Bedeutung von Wellenimpulsverfahren in Technik und Natur
Prof. Dr.-Ing. Eugen Flegler, Technische Hochschule Aachen
Die ferromagnetischen Werkstoffe in der Elektrotechnik und ihre neueste Entwicklung

Heft 16:
Prof. Dr. rer. pol. Rudolf Seyffert, Universität Köln
Die Problematik der Distribution
Prof. Dr. rer. pol. Theodor Beste, Universität Köln
Der Leistungslohn

Heft 17:
Prof. Dr.-Ing. Friedrich Seewald, Technische Hochschule Aachen
Die Flugtechnik und ihre Bedeutung für den allgemeinen technischen Fortschritt
Prof. Dr.-Ing. Edouard Houdremont, Essen
Art und Organisation der Forschung in einem Industriekonzern

Heft 18:
Prof. Dr. med. Dr. phil. W. Schulemann, Universität Bonn
Theorie und Praxis pharmakologischer Forschung
Prof. Dr. Wilhelm Groth, Direktor des Physikalisch-Chemischen Instituts, Universität Bonn
Technische Verfahren zur Isotopentrennung

Heft 19:
Dipl.-Ing. Kurt Traenckner, Stellvertr. Vorstandsmitglied der Ruhrgas-A.G., Essen
Entwicklungstendenzen der Gaserzeugung

Heft 20:
M. Zvegintzov
Wissenschaftliche Forschung und die Auswertung ihrer Ergebnisse. Ziel und Tätigkeit der National Research Development Corporation
Dr. Alexander King, Department of Scientific & Industrial Research, London
Wissenschaft und internationale Beziehungen

Heft 21:
Prof. Dr. phil. Robert Schwarz, Aachen
Wesen und Bedeutung der Silicium-Chemie
Prof. Dr. Kurt Alder, Universität Köln
Fortschritte in der Synthese von Kohlenstoffverbindungen

Heft 21 a
Jahresfeier der Arbeitsgemeinschaft für Forschung des Landes Nordrhein-Westfalen am 21. 5. 1952 in Düsseldorf mit Ansprachen des Herrn Bundespräsidenten Professor Dr. Theodor Heuss, des Herrn Ministerpräsidenten Arnold, Frau Kultusminister Teusch, der Herren Professor Dr. Hahn, Professor Dr. Strugger, Vizepräsident Dobbert, Professor Dr. Richter, Professor Dr. Fucks.

Heft 22:
Prof. Dr. Johannes von Allesch, Universität Göttingen
Die Bedeutung der Psychologie im öffentlichen Leben
Prof. Dr. med. Otto Graf, Max-Planck-Institut für Arbeitsphysiologie, Dortmund
Triebfedern menschlicher Leistung

Heft 23:
Prof. Dr. phil. Dr. jur. h. c. Bruno Kuske, Universität Köln
Probleme der Raumforschung
Prof. Dr. Dr.-Ing. e. h. Prager
Städtebau und Landesplanung

Heft 24:
Prof. Dr. Rolf Danneel, Universität Bonn
Über die Wirkungsweise der Erbfaktoren
Prof. Dr. K. Herzog, Medizinische Akademie Düsseldorf
Bewegungsbedarf der menschlichen Gliedmaßengelenke bei der Berufsarbeit

Heft 25:
Prof. Dr. O. Haxel, Heidelberg
Energiegewinnung aus Kernprozessen
Dr. Dr. Max Wolf, Düsseldorf
Gegenwartsprobleme der energiewirtschaftlichen Forschung

Heft 26:
Prof. Dr. Friedrich Becker, Universität Bonn
Ultrakurzwellen aus dem Weltraum, ein neues Forschungsgebiet der Astronomie
Dozent Dr. H. Straßl, Bonn
Bemerkenswerte Doppelsterne und das Problem der Sternentwicklung

Heft 27:
Prof. Dr. Heinrich Behnke, Universität Münster
Der Strukturwandel der Mathematik in der ersten Hälfte des 20. Jahrhunderts
Prof. Dr. E. Sperner, Bonn
Eine mathematische Analyse der Luftdruckverteilungen in großen Gebieten

Heft 28:
Prof. Dr. O. Niemczyk, Aachen
Die Problematik gebirgsmechanischer Vorgänge im Steinkohlenbergbau
Prof. Dr. W. Ahrens, Krefeld
Die Bedeutung geologischer Forschung für die Wirtschaft, besonders in Nordrhein-Westfalen

Heft 29:
Prof. Dr. B. Rensch, Münster
Das Problem der Residuen bei Lernleistungen
Prof. Dr. H. Fink, Köln
Über Leberschäden bei der Bestimmung des biologischen Wertes verschiedener Eiweiße von Mikroorganismen

Heft 30:
Prof. Dr.-Ing. F. Seewald, Aachen
Forschungen auf dem Gebiete der Aerodynamik
Prof. Dr.-Ing. K. Leist, Aachen
Forschungen in der Gasturbinentechnik

Heft 31:
Direktor Dr. F. Mietzsch, Wuppertal
Chemie und wirtschaftliche Bedeutung der Sulfonamide
Prof. Dr. G. Domagk, Wuppertal
Die experimentellen Grundlagen der Chemotherapie der bakteriellen Infektionen

Heft 32:
Prof. Dr. Hans Braun, Universität Bonn
Die Verschleppung von Pflanzenkrankheiten und -schädlingen über die Welt
Prof. Dr. Wilhelm Rudorf, Max-Planck-Institut für Züchtungsforschung, Voldagsen
Der Beitrag von Genetik und Züchtung zur Bekämpfung von Viruskrankheiten der Nutzpflanzen

Heft 33:
Prof. Dr.-Ing. V. Aschoff, Aachen
Probleme der elektroakustischen Einkanalübertragung
Prof. Dr.-Ing. H. Döring, Aachen
Erzeugung und Verstärkung von Mikrowellen

Heft 34:
Geheimrat Prof. Dr. Rudolf Schenck, Aachen
Bedingungen und Gang der Kohlenhydratsynthese im Licht
Prof. Dr. Emil Lehnartz, Universität Münster
Die Endstufen des Stoffabbaus im Organismus

Heft 35:
Prof. Dr.-Ing. H. Schenk, Aachen
Gegenwartsprobleme der Eisenindustrie in Deutschland
Prof. Dr.-Ing. E. Piwowarsky, Aachen
Gelöste und ungelöste Probleme des Gießereiwesens

Heft 36:
Prof. Dr. W. Riezler, Bonn
Teilchenbeschleuniger
Prof. Dr. med. G. Schubert, Hamburg
Anwendung neuer Strahlenquellen in der Krebstherapie

Heft 37:
Prof. Dr. F. Lotze, Münster
Probleme der Gebirgsbildung
Bergwerksdirektor Bergassessor a. D. Rauschenbach, Essen
Die Erhaltung der Förderungskapazität des Ruhrbergbaues auf lange Sicht

Heft 38:
Dr. E. C. Cherry, D. Sc., A.M.I.E.E., London
Cybernetics
Prof. Dr. E. Pietsch, Clausthal-Zellerfeld
Dokumentation und mechanisches Gedächtnis — zur Frage der Ökonomie der geistigen Arbeit

Heft 39:
Dr. H. Haase, Hamburg
Infrarot und seine technischen Anwendungen
Prof. Dr. A. Esau, Aachen
Die Bedeutung des Ultraschalls für technische Anwendungsgebiete

Heft 40:
Bergassessor F. Lange, Bochum-Hordel
Die wissenschaftliche und soziale Bedeutung der Silikose im Bergbau
Prof. Dr. W. Kikuth, Düsseldorf
Die Entstehung der Silikose und ihre Verbreitungsmaßnahmen

Heft 40a:
Prof. Dr. E. Groß, Bonn
Berufskrebs und Krebsforschung
Prof. Dr. H. W. Knipping, Köln
Die Situation der Krebsforschung vom Standpunkt der Klinik und des praktischen Arztes

Geisteswissenschaften

Heft 1:
Prof. Dr. W. Richter, Bonn
Die Bedeutung der Geisteswissenschaften für die Bildung unserer Zeit
Prof. Dr. J. Ritter, Münster
Die aristotelische Lehre vom Ursprung und Sinn der Theorie

Heft 2:
Prof. Dr. J. Kroll, Köln
Elysium
Prof. Dr. G. Jachmann, Köln,
Die vierte Ekloge Vergils

Heft 3:
Prof. Dr. H. E. Stier, Münster
Die klassische Demokratie

Heft 4:
Prof. Dr. W. Caskel, Köln
Lihjan und Lihjanisch. Sprache und Kultur eines früharabischen Königreiches

Heft 5:
Prof. Dr. Th. Ohm, Münster
Stammesreligionen im südlichen Tanganyika-Territorium. — Religionswissenschaftliche Ergebnisse meiner Ostafrikareise 1951

Heft 6:
Prälat Prof. Dr. G. Schreiber, Münster
Deutsche Wissenschaftspolitik von Bismarck bis zum Atomphysiker Otto Hahn

Heft 7:
Prof. Dr. W. Holtzmann, Bonn
Das mittelalterliche Imperium und die werdenden Nationen

Heft 8:
Prof. Dr. W. Caskel, Köln
Die Bedeutung der Beduinen in der Geschichte der Araber

Heft 9:
Prälat Prof. Dr. G. Schreiber, Münster
Iroschottische und angelsächsische Kultureinflüsse im Mittelalter

Heft 10:
Prof. Dr. P. Rassow, Köln
Forschungen zur Reichsidee im 16. und 17. Jahrhundert

Heft 11:
Prof. Dr. H. E. Stier, Münster
Roms Aufstieg zur Weltherrschaft

Heft 12:
Prof. Dr. D. K. H. Rengstorf, Münster
Zum Problem der Gleichberechtigung zwischen Mann und Frau auf dem Boden des Urchristentums
Prof. Dr. H. Conrad, Bonn,
Grundprobleme einer Reform des Familienrechts

Heft 13:
Professor Dr. Max Braubach, Bonn,
Der Weg zum 20. Juli 1944 — Ein Forschungsbericht

Heft 14:
Prof. Dr. Paul Hübinger, Münster
Das deutsch-französische Verhältnis und seine mittelalterlichen Grundlagen

Heft 15:
Prof. Dr. Franz Steinbach, Bonn
Der geschichtliche Weg des wirtschaftenden Menschen in die soziale Freiheit und politische Verantwortung

Heft 16:
Prof. Dr. Josef Koch, Köln
Die Ars coniecturalis des Nikolaus von Cues

Heft 17:
Dr. James B. Conant,
U.S.-Hochkommissar für Deutschland
Staatsbürger und Wissenschaftler
Prof. Dr. D. Karl Heinrich Rengstorf, Münster
Antike und Christentum

Heft 18:
Prof. Dr. Richard Alewyn, Köln
Klopstocks Publikum

Heft 19:
Prof. Dr. Fritz Schalk, Köln
Das Lächerliche in der französischen Literatur des Ancien Regime

Heft 20:
Prof. Dr. Ludwig Raiser Bad Godesberg
Präsident der Deutschen Forschungsgemeinschaft
Rechtsfragen der Mitbestimmung

Heft 21:
Prof. D. Martin Noth, Bonn
Das Geschichtsverständnis der alttestamentlichen Apokalyptik

Heft 22:
Prof. Dr. Walter F. Schirmer, Bonn
Glück und Ende der Könige in Shakespeares Historien

Heft 23:
Prof. Dr. Günther Jachmann, Köln
Der homerische Schiffskatalog und die Ilias

Heft 24:
Prof. Dr. Theodor Klauser, Bonn
Die römischen Petrustraditionen im Lichte der neuen Ausgrabungen unter der Peterskirche

Heft 25:
Prof. Dr. Hans Peters, Köln
Der Grundsatz der Gewaltentrennung in heutiger Sicht

If you have any concerns about our products,
you can contact us on
ProductSafety@springernature.com

In case Publisher is established outside the EU,
the EU authorized representative is:
**Springer Nature Customer Service Center GmbH
Europaplatz 3, 69115 Heidelberg, Germany**

Printed by Libri Plureos GmbH
in Hamburg, Germany